高等职业教育建筑工程技术专业系列教材

课书房 | 新形态教材
工作手册式活页教材

总主编 /李 辉
执行总主编 /吴明军

工程测量实训手册

主 编 杨守菊
副主编 张 磊 余金婷
参 编 蒲仁虎 范 本 薛万蓉 李海峰
主 审 许辉熙

重庆大学出版社

内容提要

本书是按照工作手册的模式开发的活页式新形态教材，书中配有实训操作微课资源，学生可通过扫描书中二维码实现线上学习。

全书主要内容分为四个部分：第一部分为工程测量实训须知；第二部分为工程测量课内实训项目，包含水准仪的认识与使用，普通水准测量，四等水准测量，水准仪的检验与校正，经纬仪的认识与使用，全站仪的认识与使用，测回法测水平角，竖直角观测，全站仪的检验与校正等 21 个课内实训项目；第三部分为施工测量方案实例；第四部分为工程测量综合实训项目。学生通过课内实训项目，可以进一步理解知识点；通过综合实训项目，可以系统掌握所学的测量知识与技能。

本书可作为高等职业教育土建类、交通类等专业教学用书，也可作为岗位培训辅导教材。

图书在版编目(CIP)数据

工程测量实训手册 / 杨守菊主编. -- 重庆 : 重庆大学出版社, 2021.7(2023.8 重印)

高等职业教育建筑工程技术专业系列教材

ISBN 978-7-5689-2717-8

Ⅰ. ①工… Ⅱ. ①杨… Ⅲ. ①工程测量—高等职业教育—教材 Ⅳ. ①TB22

中国版本图书馆 CIP 数据核字(2021)第 123846 号

高等职业教育建筑工程技术专业系列教材

工程测量实训手册

主 编 杨守菊

副主编 张 磊 余金婷

主 审 许辉熙

责任编辑：范春青 版式设计：范春青

责任校对：关德强 责任印制：赵 晟

*

重庆大学出版社出版发行

出版人：陈晓阳

社址：重庆市沙坪坝区大学城西路 21 号

邮编：401331

电话：(023)88617190 88617185(中小学)

传真：(023)88617186 88617166

网址：http://www.cqup.com.cn

邮箱：fxk@cqup.com.cn (营销中心)

全国新华书店经销

重庆紫石东南印务有限公司印刷

*

开本：787mm×1092mm 1/16 印张：11.25 字数：282 千

2021 年 7 月第 1 版 2023年 8 月第 3 次印刷

印数：9 001—12 000

ISBN 978-7-5689-2717-8 定价：45.00 元

前　言

"工程测量"是一门实践性很强的课程，实训环节必不可少。通过实训使学生掌握岗位需要的技能技术的同时，还培养了学生分析问题、解决问题的能力，以及吃苦耐劳、团结协作、实事求是、精益求精的职业精神，全面提升人才的专业技能和职业素养。本书根据《国家职业教育改革实施方案》文件精神编写而成，内容紧跟行业发展人才需求，坚持知行合一，通过校企合作双元开发的"新形态一体化"工作手册式活页教材，突出以学习者为中心，适应"互联网+职业教育"的发展需求。

全书分为四个部分：第一部分为"实训须知"，旨在培养学生遵守纪律、尊重规则、爱护仪器等职业素养；第二部分为"单项实训项目"，根据岗位能力需求以工作任务为载体设置了21个常用技能实训任务，不同院校学生可根据仪器设备配置情况和授课模式搭配实训项目内容；第三部分为"施工测量方案实例"，将课程内容与岗位需求相结合；第四部分为"综合实训项目"，通过综合实训可系统掌握专业知识与技能，本部分的技能考核评分标准，结合技能竞赛评价要素，突出专业技能与综合能力考核相结合，提升人才的职业能力和职业素养。

本书主要具有以下特点：

一是，实训项目配以操作视频（二维码）数字资源，方便学生扫码观看，实现自主式、移动式和碎片化学习。

二是，校企合作双元开发，企业高级工程师参与本书编写，既提供了施工一线的新技术、新标准等，又提供了相关工程实例，实现教学内容与岗位需求对接。

三是，每个单项实训项目后均附有评价标准，包括学生评价与教师评价，作为过程考核的依据；在综合实训项目中，融入技能竞赛评价要素对岗位需求的核心技能进行考核，达到掌握职业技能的目的。

四是，注重对学生的素质培养，在实训须知及实训注意事项中均融入育人元素，培养学生的规则意识、安全意识、劳动意识等职业素质，培养学生艰苦奋斗、团结协作、求真务实、精益求精等职业精神。

五是，采用“活页式”“工作手册式”设计，教学中可根据需要灵活选择，满足多种教学模式需要。

本书由四川建筑职业技术学院杨守菊担任主编，中建科工集团有限公司高级工程师张磊和四川建筑职业技术学院余金婷担任副主编，四川建筑职业技术学院蒲仁虎、范本、薛万蓉、李海峰参与编写。编写分工如下：四川建筑职业技术学院杨守菊编写了第一部分和第二部分实训项目 1、2、3、5、6、7、8、13，蒲仁虎编写了第二部分实训项目 4、16、17，范本编写了第二部分实训项目 9、15、18、19，薛万蓉编写了第二部分实训项目 10、11、12、14，余金婷编写了第二部分实训项目 20、21 和第四部分综合实训 2，李海峰编写了第四部分综合实训 1，中建科工集团有限公司张磊对全书实训项目编写进行技术指导，提供了工程案例等资源，并负责编写了第三部分。全书由杨守菊统稿，杨守菊、余金婷、张磊对全书进行校对及补充。

本书由四川建筑职业技术学院许辉熙教授担任主审，特此致谢。

在本书编写过程中参考了相关规范、标准、书籍、文献（包括网络文献），在此对相关作者一并表示感谢。

由于编者水平有限，书中难免有疏漏之处，敬请读者批评指正，以便修改完善。

编　者
2021 年 3 月

目　录

第一部分

工程测量实训须知

一、测量实训总体要求

1. 测量实训之前，必须认真阅读本实训须知并复习教材中的相关内容，弄清基本原理和方法，了解实训的目的、要求、方法、步骤和有关注意事项，在实训前准备好本次实训所需的记录表格和学具，使实训工作能按计划顺利完成。

2. 实训分小组进行，根据班级人数划分实训小组，每个小组以 4 ~5 人为宜，实行组长负责制，组长负责组织协调工作，以及仪器工具的借领、保管和归还手续。小组成员也可以轮流担任组长，以提高每个学生的组织能力和协调能力。

3. 服从指导教师的安排，必须遵守本书列出的“测量仪器工具的借领规定与使用规则”和“测量数据记录与计算规则”。每人都必须认真、仔细地操作，按时、独立地完成任务，培养独立工作能力和严谨的科学态度，同时要发扬互相协作的团队精神。

4. 每项实训都应取得合格的成果，提交书写工整、规范的实训报告或实训记录，经指导教师审阅同意后，才可交还仪器工具，结束工作。实训报告或实训记录作为评价实训成绩的依据。

5. 实训应在规定的时间内完成，不得无故缺席或迟到早退。实训应在指定的场地进行，不得擅自改变地点或离开现场。

6. 在实训过程中，还应遵守纪律，爱护环境及公共设施，保护仪器，注意安全。

二、测量仪器工具的借领规定与使用规则

对测量仪器工具的正确使用、精心爱护和科学保养，是测量人员必须具备的素质，也是提高测量工作效率、延长仪器工具使用寿命和保证测量成果质量的必要条件。在仪器工具的借领与使用中，必须严格遵守下列规定。

(一)仪器工具的借领规定

1. 以小组为单位稍提前到指定地点领取仪器、工具，借领时由小组长携带身份证或学生证填写仪器借用清单，办理借领手续。领借时应当场对仪器、工具进行清点和检查，如有缺少或损坏，应立刻报告实验管理人员。

2. 领取仪器时，注意检查仪器所要求的配套工具是否正确；仪器和脚架是否配套；脚架是否完好；脚架的各个螺旋是否可正常使用；仪器箱是否扣紧、锁好，拉手和背带是否牢固。并注意轻拿轻放，避免剧烈震动。

3. 借出仪器工具之后，不得擅自与其他小组调换或转借给别人。

4. 实训结束，应及时收装仪器工具，送还借领处检查验收，办理归还手续。如有遗失或损坏，应写出书面报告说明情况，并按有关规定给予赔偿。

(二)仪器的安置

1. 三脚架安置稳妥之后，方可打开仪器箱。开箱前应将仪器箱放在平稳处，严禁托在手上或抱在怀里开箱，以免摔坏仪器。取放仪器应轻拿轻放，保证仪器安全。

2. 打开仪器箱之后，要看清并记住仪器在箱中的安放位置，以便装箱。

3. 取出仪器之前，应先松开制动螺旋，再用双手握住支架或基座，轻轻取出仪器放在三脚架上，旋紧连接螺旋，使仪器与脚架连接牢固。

4. 连接好仪器之后，注意随即关闭仪器箱盖，防止灰尘、异物和湿气等进入箱内。

5. 仪器箱不能承重，因此不能踩、坐仪器箱。

6. 严禁将仪器安置在交通干道上。仪器架设完成后，1 m 范围内必须有人看护，防止他人碰到脚架或仪器。

7. 架设脚架时根据作业内容和主要观测方向，尽量避免观测者骑在架腿上观测。

（三）仪器的使用

1. 操作仪器只能由一人独立完成，小组其他成员只能言语帮助，不得多人同时操作一台仪器。

2. 接触仪器时，要尽量避免触摸仪器的目镜、物镜，以免沾污镜头，影响成像质量，严禁用手指或手帕等去擦拭仪器的目镜、物镜等光学部分。

3. 操作仪器及脚架螺旋时，用力要均匀，动作要轻缓，用力过大会造成仪器损伤。各制动螺旋勿拧过紧，各微动螺旋勿转至尽头，防止失灵，最好使用中段螺纹。

4. 转动仪器时，应先松开制动螺旋，然后平稳转动，使用微动螺旋时，应先旋紧制动螺旋。

5. 如发现仪器转动不灵活时应立即停止转动，及时向指导教师报告，不得擅自处理。

6. 不要用仪器直接观测太阳，这样不仅可能损坏仪器的内部部件，也有可能使眼睛受伤。

7. 雨天应停止作业，避免仪器淋雨，烈日高温下应给仪器撑伞，避免仪器暴晒。

8. 使用电子仪器时应注意避免在强磁场或强辐射环境中使用。

（四）仪器的搬迁

1. 在行走不便的地区或远距离迁站时，必须将仪器装箱后再迁站。

2. 较短距离且平坦地区迁站时，可将仪器连同脚架搬迁。其方法是首先检查连接螺旋是否旋紧，然后松开各制动螺旋使仪器保持初始位置（经纬仪或全站仪物镜对向度盘中心，水准仪物镜向后），再收拢三脚架，一手托住仪器的支架或基座于胸前，一手抱住脚架放在肋下，稳步行走。迁站时不得奔跑，不得斜扛仪器，以防摔倒。

3. 迁站时，小组其他成员应带走仪器箱和其他工具，防止丢失。

（五）仪器的装箱

1. 仪器使用完毕，应及时清除仪器上的灰尘及脚架上的泥土。

2. 仪器装箱前，应先松开各制动螺旋，将脚螺旋和微动螺旋旋至中段，再一手扶住仪器，一手松开连接螺旋，双手取下仪器装箱。

3. 仪器装箱时，应先松开各制动螺旋，使仪器就位正确，试关箱盖确认放妥后，再稍稍拧紧制动螺旋，关箱上锁。若合不上箱口，不可强压箱盖，以防压坏仪器。

4. 盖箱之前，清点箱内附件，检查有无遗失。

(六)测量工具的使用

一切测量工具都应保持清洁,专人保管搬运,不能随意放置。

1. 钢尺:应避免扭曲、打结、折断,防止行人踩踏、车辆碾压及沾水。量距时,不得在地面上拖拽,以防钢尺尺面刻划损坏。用完后,将其擦净并涂油防锈。

2. 皮尺:应均匀用力拉伸,避免沾水。若受潮应及时晾干。

3. 各种标尺和花杆:注意防水、防潮和防止横向受力,不能磨损尺面刻划的漆。工作间歇不用时应安放稳妥,不得垫坐,不得将标尺和花杆随便往树上或墙上立靠,以防滑倒摔坏或磨损尺面。花杆不得用于抬东西或作标枪投掷。塔尺使用时还应注意接口处的正确连接,用后及时收尺。使用标尺和花杆时应扶稳立直,绝不允许脱开双手。

4. 小件工具:如垂球、测钎和尺垫等使用完即收,防止遗失。

三、测量数据记录与计算规则

测量数据是外业观测成果,也是内业数据处理的依据。在测量记录或计算时必须严肃认真,一丝不苟,严格遵守下列规则:

1. 测量数据需用铅笔记录,且记录完整。在测量之前,准备好硬芯铅笔(2H 或 3H 等)。

2. 记录观测数据之前,应将记录表头如仪器型号、日期、天气、测站、观测者、记录者等无一遗漏地填写齐全,并熟悉记录表上各项内容及其填写、计算方法。

3. 一切外业观测值和记录项目,应在现场直接记录,不得转抄、追记成果。观测数据必须复诵检核。

4. 观测记录的数字与文字力求清晰、整洁,不得潦草,不得就字改字,不得连环涂改,不得用橡皮擦、刀片刮。

5. 按测量顺序记录,不空栏、不空页、不撕页。表示精度或占位的“0”均不可省略,如水准尺读数 1.300 或 0.415,度盘读数 49°05′06″ 中的“0”均不可省略。

6. 观测记录的错误数字与文字应用单横线正规划去,在其上方写上正确的数字与文字,并在备注栏注明原因:“测错”或“记错”,计算错误不必注明原因。

不同的测量项目,对数据的划改要求也不尽一致。

(1)水准测量测高差:所有观测数据不能划改毫米位,同一方向的基础读数和辅助读数不能同时划改。

(2)角度测量:水平角观测角度记录手簿中秒值读记错误应重新观测,度、分读记错误可在现场更正,但同一方向盘左、盘右不得同时更改相关数字,即不得连环涂改;竖直角观测度、分的读数,在各测回中不应连环涂改。

(3)距离测量:距离测量的厘米和毫米读记错误应重新观测,分米以上(含)数的读记错误可在现场更正。

7. 超限成果应当正规划去,超限的数据应在备注栏注明“超限”,重测的数据应在备注栏注明“重测”。

8. 每站观测结束后,必须在现场完成规定的计算和检核,确认无误后方可迁站。

9. 数据计算应根据所取位数,按“4 舍 6 入,5 前奇进偶舍”的规则进行保留。

10. 应该保持测量记录的整洁,严禁在记录表上书写无关内容,不得丢失记录表。

测量实训仪器设备安全使用告知书

测量仪器设备比较贵重，仪器工具与配件使用频繁，为了切实解决测量实验实训教学过程中测量仪器、配件损坏严重，处理过程中争议较多的问题，指导教师必须在实训开始前将有关事项告知学生，请学生遵照执行。

测量实训前务必认真阅读“工程测量实训须知”，了解相关规定，并特别注意以下事项：

1. 领借仪器工具时主动履行检查义务，从外观上查看仪器设备与工具是否异常，如螺旋是否完好、棱镜上是否有破碎点、脚架螺旋是否正常、水准尺是否破损等。确认没有问题后再办理借用手续。

2. 三脚架使用过程中，螺旋扭动用力过猛，容易滑丝、失效，导致仪器架设完毕后脚架倾斜，甚至摔坏仪器。因此，使用螺旋用力要均匀、动作要轻缓。

3. 水准仪、经纬仪、全站仪等仪器的水平制动螺旋、竖直制动螺旋极易损坏。因此调整过程中要注意手感，切忌调整时用力过猛、过头或者方向调反。

4. 水准尺、三脚架不使用时，应平放于地面安全地带，切忌靠墙或靠树立放。

5. 钢尺使用过程中，应防止因碾压而损毁。

6. 实训过程中，严禁坐仪器箱、三脚架、水准尺、花杆、棱镜杆等，以防损坏和变形。花杆不能当棍棒随意敲打。

7. 所有仪器，必须装箱、关好锁扣后才能迁站。严禁仪器脚架连在一起进行迁站。若距离较短，应采用正确安全方式迁站。

8. 仪器使用完毕装箱前，务必将各个部位的制动螺旋松开，以防仪器箱搬运过程中制动螺旋损坏。为确保人身安全，背三脚架时应三个脚尖朝上、架头朝下。

9. 每个测站测量任务，由一人独立操作完成，严禁多人同时进行。

10. 实训中，仪器在 1 m 之内必须有人看管，以防被撞、被盗。严禁骑行单车和滑轮搬运仪器，以防仪器被摔。严禁将仪器架设在车行道中间，以防被汽车碰倒。

11. 严禁与其他小组之间私下相互转借仪器、配件。如若私自调用而出现仪器安全事故，两个小组的成员共同承担责任。

12. 必须认真听取并牢记指导教师对测量仪器、配件使用的安全教育，以及仪器保管员的要求。

测量实训仪器设备安全使用承诺书

本人承诺已认真阅读"测量实训仪器设备安全使用告知书"和"工程测量实训须知"，如若因自身原因导致仪器损坏，自愿承担仪器损坏赔偿的责任，按照实训室相关管理规定程序进行处理。

（此页本人签字后交由测量实训室存档）

日期：

班级：

指导教师：

学生签字：

签名表

第二部分

工程测量课内实训项目

水准仪的使用

实训项目 1
水准仪的认识与使用

【任务导航】水准仪是水准测量的主要仪器，根据水准测量的原理，其主要功能是为水准测量提供一条水平的观测视线，并能照准水准尺进行读数。常见的水准仪有微倾式水准仪、自动安平水准仪、精密水准仪与电子水准仪。本次实训主要了解 DSZ_3 型自动安平水准仪的构造和操作方法。

一、实训目标

1. 了解水准仪的基本构造。
2. 熟悉水准仪各部件的名称及功能。
3. 掌握水准仪的使用方法和水准尺的读数方法。
4. 培养学生吃苦耐劳的品质、团队协作的合作精神，培养学生规则意识。

二、实训要求

1. 学时要求：2 学时。
2. 设备要求：借领自动安平水准仪 1 套，水准尺 1 对，记录板 1 个，自备铅笔 2 支。
3. 场地要求：通视良好的宽阔场地。
4. 成员要求：4 ~ 5 人一个小组。

三、实训内容与步骤

（一）安置仪器

将三脚架架腿螺旋松开，拉伸脚架至合适高度，拧紧架腿螺旋然后打开三脚架，使架头大致水平，从仪器箱双手取出仪器置于架头上，用连接螺旋将仪器固定到脚架上（在仪器未旋紧前须保证有一只手抓紧仪器)。

安置好仪器后,先了解水准仪各部件名称与功能。

(二)粗平

同时向内或向外旋转两脚螺旋,使气泡位于两脚螺旋连线的中垂线上,再调整第三个脚螺旋,使气泡居中。原则:气泡移动方向与左手大拇指旋转方向一致。熟练后可自行根据气泡位置调整脚螺旋方向。

(三)调焦与照准

照准明亮背景,调节目镜,使十字丝清晰;转动仪器,用粗瞄器粗略瞄准目标,调节物镜调焦螺旋,使物像清晰;转动水平微动螺旋,使水准尺位于视场中央,以方便读数。

(四)(精平)读数

瞄准水准尺,消除视差,读出中丝读数。若使用微倾式水准仪,读数之前需调整微倾螺旋使水准管气泡居中再读数。

读数方法:在水准尺上一共读取 4 位数,米、分米位看数字,厘米位数格子,毫米位估读。记录时以米或毫米为单位,如 1.573 m 或 1 573 mm。

在水准仪前后距离大致相等处各立一水准尺,分别命名为后视尺与前视尺,将后视尺与前视尺所读数据及时记录在"水准测量观测记录表",并计算出高差。

四、注意事项

1. 水准尺必须扶直,不得左右、前后倾斜。立尺时注意检查水准尺是否零端向下。
2. 读数之前,应消除视差。
3. 读数记录格式要规范,以 m 或 mm 为单位,并且必须记录满 4 位数字,0 不能省略。高差以 m 为单位,必须注明正负号。
4. 数据记录要工整、清晰、整洁,不得转抄与涂改数据。
5. 测量工作在野外进行,要不畏严寒酷暑。实训中要严格按照操作规程进行。
6. 仪器设备较为贵重,要注意设备使用安全,室外实训环境复杂,要注意人身安全。
7. 本实训项目需要小组合作完成,实训过程中要友爱互助,体现集体意识和团队精神。

五、思考与练习

1. 水准尺前倾或后仰对测量结果有怎样的影响?
2. 图 2-1 中所示水准尺读数为:________ m。

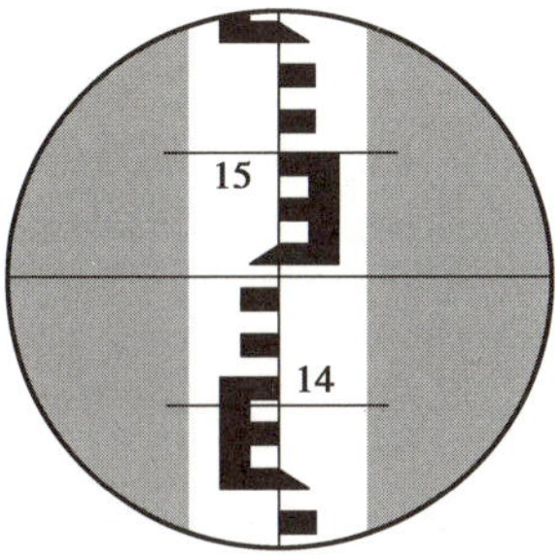

图 2-1　水准尺读数

3. 请标出图 2-2 中仪器各部件对应的名称。

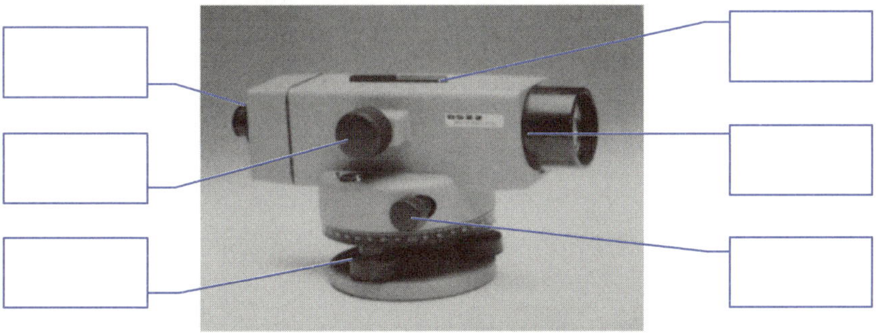

图 2-2　水准仪

六、实训报告

水准测量观测记录表

日期：　　　　　　　　仪器型号：　　　　　　　　天气：

班级：　　　　　　　　小　组：　　　　　　　　姓名：

测站	点号	后视读数/m	前视读数/m	高差/m	备注
∑ 检核					

七、实训评价

评价项目	评价标准	分值	评分	
			小组自评	教师评价
实训纪律	遵守纪律,按时出勤,爱护仪器工具,无仪器损坏现象,无违纪情况,文明作业	20		
操作过程	操作熟练、规范,方法、步骤正确	30		
记录计算	记录规范,计算正确,检核内容齐全	20		
测量成果	精度符合要求	20		
团队合作	服从组长安排,积极配合组员工作	10		
总分		100		

实训项目 2
普通水准测量

普通水准测量

【任务导航】当高程待定点与已知点相距较远或高差较大时，需要在两点间加设若干个临时立尺点，分段连续多次安置仪器来求得两点间的高差，这是水准测量的工作流程。按精度的高低，水准测量分为国家一、二、三、四等水准测量和普通水准测量，普通水准测量常用于测定图根点的高程和普通工程建设施工。通过本次实训模拟普通水准测量的施测流程，掌握普通水准测量外业观测过程、注意事项和成果处理的方法。

一、实训目标

1. 完成闭合水准路线的施测。
2. 掌握普通水准测量的实施过程，掌握观测、记录、计算和检核的方法。
3. 进一步熟悉水准仪的使用和水准尺的读数。
4. 培养严谨求实、精益求精的态度和尊重规范的规则意识。

二、实训要求

1. 学时要求：2 学时。
2. 仪器要求：借领自动安平水准仪 1 套，水准尺 1 对，记录板 1 个，自备铅笔 2 支。
3. 场地要求：通视良好的宽阔场地。
4. 人员要求：4 ~ 5 人一个小组。

三、实训内容与步骤

1. 由指导老师确定闭合水准路线，例如图 2-3 所示的 A，B，C…，并提供起始点高程，如 H_A = 480 m，水准测量路线以 6 ~ 8 个测站为宜。全组共同施测，人员分工：两人扶尺，一人记录，一人观测。施测 1 ~ 2 站后轮换工作。

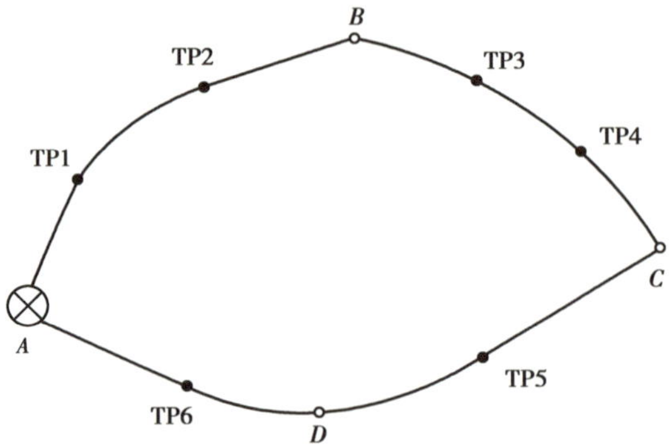

图 2-3　闭合水准路线

2. 在起始水准点 A 和第一个立尺点 TP1 大致中间位置安置水准仪，在后、前视点上竖立水准尺，按一个测站的观测程序进行观测。在每一测站上，观测者首先应整平水准仪，然后照准后视尺，调焦、消除视差，读取中丝读数，记录员复诵读数经确认无误后将读数记入“普通水准测量观测记录表”中，读完后视读数，紧接着照准前视尺，用同样的方法读取前视读数。记录员把前、后视读数记好后，应立即计算本站高差（若使用微倾式水准仪，在每次读数之前需要转动微倾螺旋，将管水准器的气泡调至居中）。

3. 用步骤 2 所述的方法依次完成本闭合水准线路各测站的测量工作。观测结束后，立即算出高差闭合差 f_h，如果 $f_h \leqslant f_{h容}$，说明观测成果合格，即可根据起始点高程计算各测点高程；否则，要进行重测（普通水准测量 $f_{h容}$ 按 $\pm 12\sqrt{n}$ 或 $\pm 40\sqrt{L}$ 计算）。

四、注意事项

1. 立尺者与观测者应配合好，选择好立尺点。前、后视距应大致相等。

2. 已知水准点和待测点上均不得放尺垫，转点上需放尺垫。置于软土上的尺垫必须踩实。在观测过程中不得碰动仪器或尺垫，迁站时前视尺垫不得移动。

3. 水准测量记录要特别细心，当记录者听到观测者所报读数后，应复诵数据，经确认无误后方可记入记录表中。观测者应注意复核记录者的复诵数据。

4. 记录格式要规范。记录中严禁涂改、转抄数据，应将数据用铅笔直接记录在实训报告指定位置，不准用钢笔、圆珠笔记录，字迹要工整、清晰、整洁。

5. 实施过程中要严格按照操作规程进行。对待测量数据要严肃认真，耐心仔细，确保成果质量。

6. 观测结果要严格按照测量规范与技术要求进行检核，一旦超限，立即重测。

7. 本实训项目需要小组合作完成，实训过程中要友爱互助，体现集体意识和团队精神。

五、思考与练习

1. 何谓转点？转点在水准测量中起什么作用？

2. 怎样判断有无视差？如何消除视差？

六、实训报告

普通水准测量观测记录表

日期：　　　　　　　　　仪器型号：　　　　　　　　　天气：

班级：　　　　　　　　　小　组：　　　　　　　　　　姓名：

<table>
<tr><th>测站</th><th>点号</th><th>后视读数/m</th><th>前视读数/m</th><th>高差/m</th><th>备注</th></tr>
<tr><td rowspan="2"></td><td></td><td></td><td></td><td rowspan="2"></td><td rowspan="2"></td></tr>
<tr><td></td><td></td><td></td></tr>
<tr><td rowspan="2"></td><td></td><td></td><td></td><td rowspan="2"></td><td rowspan="2"></td></tr>
<tr><td></td><td></td><td></td></tr>
<tr><td rowspan="2"></td><td></td><td></td><td></td><td rowspan="2"></td><td rowspan="2"></td></tr>
<tr><td></td><td></td><td></td></tr>
<tr><td rowspan="2"></td><td></td><td></td><td></td><td rowspan="2"></td><td rowspan="2"></td></tr>
<tr><td></td><td></td><td></td></tr>
<tr><td rowspan="2"></td><td></td><td></td><td></td><td rowspan="2"></td><td rowspan="2"></td></tr>
<tr><td></td><td></td><td></td></tr>
<tr><td rowspan="2"></td><td></td><td></td><td></td><td rowspan="2"></td><td rowspan="2"></td></tr>
<tr><td></td><td></td><td></td></tr>
<tr><td rowspan="2"></td><td></td><td></td><td></td><td rowspan="2"></td><td rowspan="2"></td></tr>
<tr><td></td><td></td><td></td></tr>
<tr><td rowspan="2"></td><td></td><td></td><td></td><td rowspan="2"></td><td rowspan="2"></td></tr>
<tr><td></td><td></td><td></td></tr>
<tr><td rowspan="2"></td><td></td><td></td><td></td><td rowspan="2"></td><td rowspan="2"></td></tr>
<tr><td></td><td></td><td></td></tr>
<tr><td rowspan="2"></td><td></td><td></td><td></td><td rowspan="2"></td><td rowspan="2"></td></tr>
<tr><td></td><td></td><td></td></tr>
<tr><td rowspan="2">$\sum$
检核</td><td></td><td></td><td></td><td rowspan="2"></td><td rowspan="2"></td></tr>
<tr><td></td><td></td><td></td></tr>
</table>

七、实训评价

<table>
<tr><th rowspan="2">评价项目</th><th rowspan="2">评价标准</th><th rowspan="2">分值</th><th colspan="2">评分</th></tr>
<tr><th>小组自评</th><th>教师评价</th></tr>
<tr><td>实训纪律</td><td>遵守纪律,按时出勤,爱护仪器工具,无仪器损坏现象,无违纪情况,文明作业</td><td>20</td><td></td><td></td></tr>
<tr><td>操作过程</td><td>操作熟练、规范,方法、步骤正确</td><td>30</td><td></td><td></td></tr>
<tr><td>记录计算</td><td>记录规范,计算正确,检核内容齐全</td><td>20</td><td></td><td></td></tr>
<tr><td>测量成果</td><td>精度符合要求</td><td>20</td><td></td><td></td></tr>
<tr><td>团队合作</td><td>服从组长安排,积极配合组员工作</td><td>10</td><td></td><td></td></tr>
<tr><td>总分</td><td></td><td>100</td><td></td><td></td></tr>
</table>

四等水准测量

实训项目 3
四等水准测量

【任务导航】在建筑工程中通常采用水准测量来测定点位的高程。按精度的高低，水准测量分为国家一、二、三、四等水准测量和普通水准测量。其中，三、四等水准测量主要用于各种工程建设和地形测图的高程控制。通过本次实训掌握四等水准测量的观测过程与计算步骤。

一、实训目标

1. 进一步熟悉水准仪的使用和水准尺的读数方法。
2. 掌握四等水准测量的观测流程。熟悉一个测站的观测、记录、计算和检核等内容。
3. 培养学生团队意识、规则意识以及吃苦耐劳的品质，培养学生严谨求实的工作态度。

二、实训要求

1. 学时要求:2 学时。
2. 设备要求:借领自动安平水准仪 1 套，双面水准尺 1 对，尺垫 2 个，记录板 1 个，自备铅笔 2 支。
3. 场地要求:视野开阔的安全场地。
4. 成员要求:4 ~5 人一个小组。

三、实训内容与步骤

根据指定的已知高程点和若干个待定高程点，结合实际情况按四等水准测量要求进行闭合或附合水准路线测量。已知点和待定点的位置由指导教师现场指定，已知点高程数据由指导教师提供。

1. 在起点与第一个立尺点之间合适位置设站，安置好水准仪后，按以下顺序观测：

后视黑面尺，读取上、下、中丝读数，分别记入“四等水准测量记录表”中(1)、(2)、(3)顺序栏；

后视红面尺，读取中丝读数，记入表中(4)顺序栏；

前视黑面尺，读取上、下、中丝读数，分别记入表中(5)、(6)、(7)顺序栏；

前视红面尺，读取中丝读数，记入表中(8)顺序栏。

这种观测顺序简称“后—后—前—前”。四等水准测量也可采用三等水准测量“后—前—前—后”的观测程序。

观测者读取数据后，记录者应回报读数，经确认后将数据记入“四等水准测量记录表”对应的位置。

2. 观测完毕后，记录员应在现场计算并检核数据[测站检核参照表 2-1 所示的《工程测量标准》(GB 50026—2020)中光学水准仪观测的主要技术要求的三、四等部分]，满足要求后方可迁站，否则应查找原因并重测。

表 2-1　光学水准仪观测的主要技术要求

等级	水准仪级别	视线长度/m	前后视距差/m	任一测站上前后视距差累计/m	视线离地面最低高度/m	基、辅分划或黑、红面读数较差/mm	基、辅分划或黑、红面所测高差较差/mm
二等	DS_1、DSZ_1	50	1.0	3.0	0.5	0.5	0.7
三等	DS_1、DSZ_1	100	3.0	6.0	0.3	1.0	1.5
	DS_3、DSZ_3	75				2.0	3.0
四等	DS_3、DSZ_3	100	5.0	10.0	0.2	3.0	5.0
五等	DS_3、DSZ_3	100	近似相等	—	—	—	—

3. 依次设站同法施测其他各站。

4. 全路线施测完毕后进行内业计算。若闭合差超限，应重测所有数据。

四、注意事项

1. 双面水准尺每两根为一组，其中一根尺常数为 $K=4.687$ m，另一根尺常数为 $K=4.787$ m，在记录表中的方向及尺号栏内要写明尺号。在备注栏内写明相应尺号的 K 值。

2. 记录者要认真负责，当听到观测者所报读数后，要回报给观测者，经默许后，方可记入记录表中。记录者应在现场立即计算并检核数据，若有超限则立即重测。

3. 数据记录要工整、清晰、整洁，不得转抄与涂改数据。数据作废应注明原因。

4. 实验过程中要严格按照操作规程进行，四等水准测量记录计算比较复杂，应多练，以达到熟能生巧。

5. 测量过程中注意转点位置的尺垫不要移动，而且待测水准点和已知水准点不能放置尺垫。

6. 测量工作在野外进行,要不畏严寒酷暑。
7. 仪器设备较为贵重,要注意设备使用安全,室外实训环境复杂,要注意人身安全。
8. 本实训项目需要小组合作完成,实训过程中要密切配合、相互体谅,体现团队精神。

五、思考与练习

1. 在水准测量一个测站中,为什么要求前、后视距相等?
2. 在四等水准测量的一个测站中,红面高差与黑面高差的计算值是否一致?为什么?

六、实训报告

四等水准测量记录表

日期：　　　　　　　　　　　仪器型号：　　　　　　　　　　天气：

班级：　　　　　　　　　　　小　组：　　　　　　　　　　　姓名：

<table>
<tr><th rowspan="4">测站编号</th><th rowspan="4">点号</th><th>后尺　上丝</th><th>前尺　上丝</th><th rowspan="4">方向及尺号</th><th colspan="2" rowspan="2">中丝读数/m</th><th rowspan="4">K+黑－红/mm</th><th rowspan="4">高差中数/m</th><th rowspan="4">备注</th></tr>
<tr><th>下丝</th><th>下丝</th></tr>
<tr><th>后视距/m</th><th>前视距/m</th><th rowspan="2">黑面</th><th rowspan="2">红面</th></tr>
<tr><th>视距差 d/m</th><th>累积差 $\sum d$/m</th></tr>
<tr><td rowspan="4"></td><td rowspan="4"></td><td>(1)</td><td>(5)</td><td>后</td><td>(3)</td><td>(4)</td><td>(13)</td><td rowspan="4">(18)</td><td rowspan="4"></td></tr>
<tr><td>(2)</td><td>(6)</td><td>前</td><td>(7)</td><td>(8)</td><td>(14)</td></tr>
<tr><td>(9)</td><td>(10)</td><td>后－前</td><td>(15)</td><td>(16)</td><td>(17)</td></tr>
<tr><td>(11)</td><td>(12)</td><td></td><td></td><td></td><td></td></tr>
<tr><td rowspan="4"></td><td rowspan="4"></td><td></td><td></td><td>后</td><td></td><td></td><td></td><td rowspan="4"></td><td rowspan="4"></td></tr>
<tr><td></td><td></td><td>前</td><td></td><td></td><td></td></tr>
<tr><td></td><td></td><td>后－前</td><td></td><td></td><td></td></tr>
<tr><td></td><td></td><td></td><td></td><td></td><td></td></tr>
<tr><td rowspan="4"></td><td rowspan="4"></td><td></td><td></td><td>后</td><td></td><td></td><td></td><td rowspan="4"></td><td rowspan="4"></td></tr>
<tr><td></td><td></td><td>前</td><td></td><td></td><td></td></tr>
<tr><td></td><td></td><td>后－前</td><td></td><td></td><td></td></tr>
<tr><td></td><td></td><td></td><td></td><td></td><td></td></tr>
<tr><td rowspan="4"></td><td rowspan="4"></td><td></td><td></td><td>后</td><td></td><td></td><td></td><td rowspan="4"></td><td rowspan="4"></td></tr>
<tr><td></td><td></td><td>前</td><td></td><td></td><td></td></tr>
<tr><td></td><td></td><td>后－前</td><td></td><td></td><td></td></tr>
<tr><td></td><td></td><td></td><td></td><td></td><td></td></tr>
<tr><td rowspan="4"></td><td rowspan="4"></td><td></td><td></td><td>后</td><td></td><td></td><td></td><td rowspan="4"></td><td rowspan="4"></td></tr>
<tr><td></td><td></td><td>前</td><td></td><td></td><td></td></tr>
<tr><td></td><td></td><td>后－前</td><td></td><td></td><td></td></tr>
<tr><td></td><td></td><td></td><td></td><td></td><td></td></tr>
</table>

七、实训评价

评价项目	评价标准	分值	评分	
			小组自评	教师评价
实训纪律	遵守纪律,按时出勤,爱护仪器工具,无仪器损坏现象,无违纪情况,文明作业	20		
操作过程	操作熟练、规范,方法、步骤正确	30		
记录计算	记录规范,计算正确,检核内容齐全	20		
测量成果	精度符合要求	20		
团队合作	服从组长安排,积极配合组员工作	10		
总分		100		

实训项目 4
水准仪的检验与校正

【任务导航】测量工作中必须使用检验合格的仪器设备，所有计量仪器均应按规定进行检验，并保留检测报告。

通常，以下情况下必须要进行常规检校：

（1）在第一次使用仪器前；

（2）在每次高精度测量前；

（3）在颠簸或长时间运输后；

（4）在长时间存放后；

（5）精密测量时，最后一次校正时的温度与当前温度变化超过 10 ℃时。

通过本次实训掌握 DSZ_3 水准仪的检验项目并了解其校正方法。水准仪的检验项目主要有：圆水准器轴 $L'L'$ // 竖轴 VV；十字丝的中丝⊥竖轴 VV；i 角的检验，四等水准测量规范规定 DSZ_3 水准仪 $i \ngtr 20''$。

一、实训目标

1. 了解水准仪各轴系之间的关系。
2. 掌握圆水准器、十字丝和 i 角的检验校正方法。
3. 熟悉各检验校正内容的目的和意义。
4. 培养学生精益求精的科学态度，培养规则意识和爱护仪器等测量人的优秀品质。

二、实训要求

1. 学时要求：2 学时。
2. 设备要求：借领自动安平水准仪 1 套，水准尺 1 对，记录板 1 个，自备铅笔 2 支。
3. 场地要求：60 ~ 80 m 宽阔场地。
4. 人员要求：4 ~ 5 人一个小组。

三、实训内容与步骤

(一)圆水准器的检验与校正

1. 检验:

(1)将圆水准器气泡居中。

(2)将仪器绕纵轴旋转 180°,如果气泡仍然居中,则圆水准器轴平行仪器纵轴;否则,圆水准器轴不平行仪器纵轴。

2. 校正:

(1)先略松固定螺旋,然后转动校正螺旋,使气泡返回移动量的一半(气泡移动量一半代表纵轴的倾斜度)。

(2)重复上述检验和校正一两次,使误差尽可能小,最后拧紧固定螺旋,校正过程如图 2-4所示。

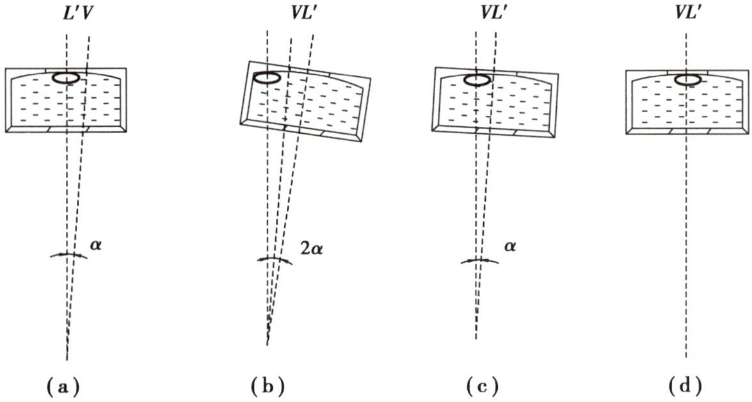

图 2-4 校正过程

(二)十字丝的检验与校正

1. 检验:

(1)仪器整平后,用十字丝的横丝照准某一清晰目标 P,如图 2-5 所示。

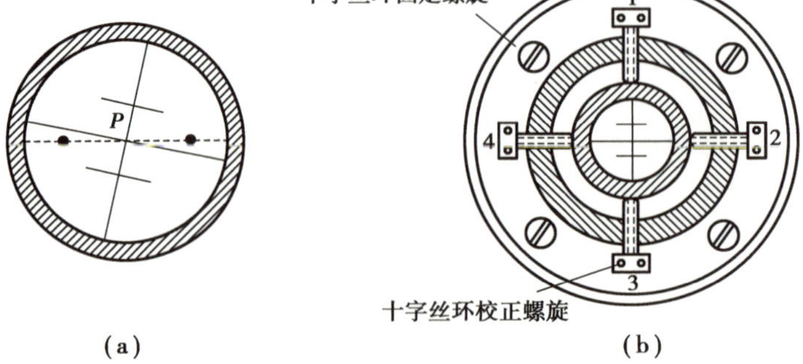

图 2-5 十字丝的检验

（2）用微动螺旋左右转动望远镜，如果十字丝的横丝一直不离开目标，则横丝水平；否则需要校正。

2. 校正：

（1）松开十字丝环的固定螺旋。

（2）转动十字丝环，使横丝水平。

（3）拧紧固定螺旋。

（三）i 角的检验与校正

1. 检验：

（1）在相距 60 ~ 80 m 的 A、B 两点上竖立水准尺，水准仪架于中点 C，两次测量两点的高差 h_1 作为标准值 h_{AB}，如图 2-6 所示。

（2）把仪器移至靠近一端 B 点 2 ~ 3 m 处的 C'，再测量两端点的高差 h_2；如果 $h_2 \neq h_1$，表明存在 i 角误差。

（3）假设在 C' 点，整平仪器后读出 B 点尺上的读数 b_2。由于 i 角通常只有秒级的偏差，而且仪器离 B 点近，引起读数 b_2 的偏差可以忽略不计。由于 A、B 两点的高差 h_{AB} 已经准确测得，可根据读数 b_2 反算 A 尺的读数 a_2'，即 $a_2' = b_2 + h_{AB}$。

（4）将望远镜照准 A 点水准尺，得到读数为 a_2。若 $a_2' = a_2$，说明 i 角误差可忽略；否则，存在 i 角。其值为：

$$i = \frac{a_2' - a_2}{D_{AB}}\rho''$$

式中，D_{AB} 为 AB 两点间的平距。ρ'' 取值为 206 265″。四等水准测量规范规定，当 DSZ_3 水准仪 i 角大于 20″时，仪器必须校正。

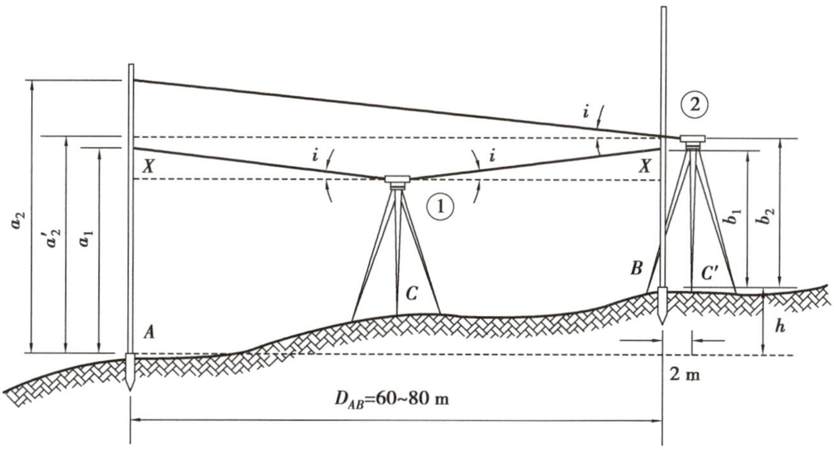

图 2-6　i 角的检验

2. 校正：校正 i 角时水准仪仍在 B 点附近，瞄准 A 点水准尺通过调整十字丝校正螺丝可适当调整十字丝在 A 尺上的读数，直到读数变为 a_2' 为止。

四、注意事项

1. 整平仪器时尽量准确。

2. 圆水准器校正时只需调整一半,且需反复进行。

3. 注意自动安平水准仪与微倾式水准仪的 i 角误差校正方法有较大差异,前者是通过调整水准仪十字丝的校正螺旋完成的,后者是通过调整水准管的校正螺旋完成的。

4. 校正仪器时需使用专用工具,并且在老师指导下完成。

五、思考与练习

设地面上 A、B 两点相距 80 m,仪器在 A、B 中间处测得高差 $h_{AB}=+0.468$ m,现将仪器搬到距 B 点 3 m 处,测得 A 尺读数为 1.694 m,B 尺读数为 1.266 m。请回答:

(1)A、B 两点正确高差为多少?

(2)i 角误差为多少?应如何校正?

六、实训报告

水准仪的检验

日期：　　　　　　　　　仪器型号：　　　　　　　　　天气：

班级：　　　　　　　　　小　组：　　　　　　　　　姓名：

<table>
<tr><td colspan="6">1. 一般性检验</td></tr>
<tr><td>检查内容</td><td>脚架</td><td>脚螺旋</td><td>制动、微动螺旋</td><td>调焦螺旋</td><td>望远镜成像</td></tr>
<tr><td>是否正常
（完好）</td><td></td><td></td><td></td><td></td><td></td></tr>
</table>

<table>
<tr><td colspan="3">2. 圆水准器的检验</td></tr>
<tr><td>检验</td><td>仪器整平后</td><td>旋转仪器 180°后</td></tr>
<tr><td>绘图示意圆水准器气泡位置</td><td></td><td></td></tr>
<tr><td colspan="3">3. 十字丝横丝垂直于仪器竖轴的检验</td></tr>
<tr><td>检验</td><td>检验初始位置</td><td>检验结束位置</td></tr>
<tr><td>绘简图示意目标点位置</td><td></td><td></td></tr>
</table>

<table>
<tr><td colspan="6">4. i 角的检验</td></tr>
<tr><td>仪器位置</td><td></td><td>后视 A</td><td>前视 B</td><td>高差</td><td>平均高差 h_{AB}</td></tr>
<tr><td rowspan="2">在中点 C 测高差</td><td>第一次</td><td>$a_1 =$</td><td>$b_1 =$</td><td></td><td rowspan="2"></td></tr>
<tr><td>第二次</td><td>$a_1' =$</td><td>$b_1' =$</td><td></td></tr>
<tr><td>在一端点 C' 测高差</td><td></td><td>$a_2 =$</td><td>$b_2 =$</td><td colspan="2"></td></tr>
<tr><td colspan="3">$a_2' = b_2 + h_{AB} =$</td><td colspan="3">$i = \dfrac{a_2' - a_2}{D_{AB}} \rho'' =$</td></tr>
</table>

七、实训评价

评价项目	评价标准	分值	评分	
			小组自评	教师评价
实训纪律	遵守纪律,按时出勤,爱护仪器工具,无仪器损坏现象,无违纪情况,文明作业	20		
操作过程	操作熟练、规范,方法、步骤正确	30		
记录计算	记录规范,计算正确,检核内容齐全	20		
测量成果	精度符合要求	20		
团队合作	服从组长安排,积极配合组员工作	10		
总分		100		

实训项目 5
经纬仪的认识与使用

【任务导航】角度测量是测量工作的基本工作之一。常用的测角仪器有光学经纬仪和电子经纬仪。随着仪器的更新和技术的进步，越来越多的施工场地采用电子经纬仪，但是由于经济发展水平不同，有些地区仍采用光学经纬仪进行测量工作。通过本次实训了解光学经纬仪的构造，掌握光学经纬仪的操作方法和读数方法。

一、实训目标

1. 了解光学经纬仪的基本构造。
2. 熟悉光学经纬仪各部件的名称及功能。
3. 掌握光学经纬仪的使用方法和读数方法。
4. 培养学生吃苦耐劳的品质和求真务实的精神。

二、实训要求

1. 学时要求：2 学时。
2. 设备要求：借领 DJ_2 光学经纬仪 1 套，记录板 1 个，自备铅笔 2 支。
3. 场地要求：通视良好的宽阔场地；有足够的测量标志点与供瞄准的观测目标。
4. 成员要求：4 ~ 5 人一个小组。

三、实训内容与步骤

（一）安置仪器

将三脚架架腿螺旋松开，拉伸脚架至合适高度（大致与观测者胸口齐平），拧紧架腿螺旋。然后打开三脚架使三脚架中心与测站点大致对中，架头大致水平；三脚架腿牢固地支撑在地面上,从仪器箱中双手取出仪器置于架头上,用连接螺旋将仪器固定到脚架上。

安置好仪器后,先了解经纬仪各部件的名称与功能。

(二)对中

调节光学对中器目镜调焦螺旋,使对中器分划板清晰,再转动物镜调焦螺旋(有些仪器是拉伸对中器进行调焦),使地面测量点成像最清晰。双手紧握并微微抬起三脚架两个架腿,移动脚架使对中器中心与地面测量点重合,完成仪器对中工作。地面测量点中心与光学对中器中心相距不远时,也可通过调整脚螺旋使两者重合完成对中。

(三)粗平

拧松需调整的脚架螺旋,通过缩短或伸长三脚架架腿使圆水准器气泡居中。调整时应注意仪器安全。

(四)精平

使水准管平行于两个脚螺旋连线,同时对向调整这两个脚螺旋,使管水准气泡居中,调整方法遵循"左手法则"。然后旋转照准部 90°,调整第三个脚螺旋使管水准器气泡居中。照准部任意旋转一位置进行检查,若任意方向气泡都居中,则精平完成。

(五)再对中

整平操作会略微破坏之前的对中,整平后需检查对中情况。若对中器偏离测站点中心的幅度很小,则稍许松开仪器中心螺旋,小心地将仪器在三脚架架头上平移(只能前后或左右转动,不能扭动),直到测量点精确对中后再旋紧中心螺旋。然后查看仪器精平状态,不满足要求时应再次精平。如果对中偏离较大,应重新进行对中操作及整平工作。

(六)调焦与照准

照准明亮背景,调节目镜,使十字丝清晰;转动仪器,用粗瞄器粗略瞄准目标,旋转物镜调焦螺旋,使目标清晰;转动微动螺旋,精确瞄准目标。水平角测量,用竖向单丝平分或双丝夹目标;竖直角测量,用横向中丝平切目标。观测时注意消除视差。

(七)读数

打开相应的反光镜,调整位置使读数窗内亮度合适,调整显微镜目镜调焦螺旋使读数窗内刻划清晰,然后按照 DJ_2 光学经纬仪读数方法进行读数。

四、注意事项

1. 经纬仪较为贵重,要注意设备使用安全。取放仪器时要双手进行。当仪器与脚架没有固定连接时,手不能松开仪器。

2. 严禁多人同时操作一台仪器,当一个人操作时,其他同学只能语言帮助,防止操作不当损坏仪器。

3. 在旋转仪器之前需先检查各制动螺旋是否处于松开状态，不得盲目旋转仪器。

4. 微动螺旋是在制动后才会起作用。

5. 数据记录要工整、清晰、整洁，不得转抄与涂改数据。

6. 测量工作在野外进行，要不畏严寒酷暑。实验过程中要严格按照操作规程进行。

7. 经纬仪为精密仪器，使用时要小心谨慎，各个螺旋要缓慢转动，不能用力过大或过猛。

8. 本实训项目需要小组合作完成，实训过程中要友爱互助，体现集体意识和团队精神。

五、思考与练习

1. 在所使用的经纬仪上指认以下部件，并简要描述它们的功能。

(1)水平微动螺旋；(2)水准管；(3)读数显微镜；(4)对中器。

2. 在水平角观测和竖直角观测中分别怎样瞄准测量标志？

六、实训报告

角度观测练习记录表

日期： 仪器型号： 天气：

班级： 小 组： 姓名：

测站	竖盘位置	目标	水平度盘读数/(° ′ ″)	竖直度盘读数/(° ′ ″)	备注

七、实训评价

评价项目	评价标准	分值	评分	
			小组自评	教师评价
实训纪律	遵守纪律，按时出勤，爱护仪器工具，无仪器损坏现象，无违纪情况，文明作业	20		
操作过程	操作熟练、规范，方法、步骤正确	30		
记录计算	记录规范，计算正确，检核内容齐全	20		
测量成果	精度符合要求	20		
团队合作	服从组长安排，积极配合组员工作	10		
总分		100		

全站仪使用步骤

实训项目 6
全站仪的认识与使用

【任务导航】全站型电子速测仪简称全站仪，是一种集光、机、电为一体的高技术测量仪器，具备电子测角（水平角与竖直角）、电磁波测距（斜距与平距）、高差测量等功能。全站仪广泛应用于地上大型建筑和地下隧道施工等精密工程测量或变形监测领域。本次实训主要认识全站仪的构造；熟悉各部件名称与功能；掌握全站仪的安置方法。

一、实训目标

1. 了解全站仪的基本构造。
2. 熟悉全站仪各部件的名称及功能。
3. 掌握全站仪的使用方法和角度测量模式。
4. 培养学生吃苦耐劳、耐心仔细的品质和团队协作的精神。

二、实训要求

1. 学时要求：2 学时。
2. 设备要求：借领全站仪 1 套，棱镜 2 套（带脚架），记录板 1 个，自备铅笔 2 支。
3. 场地要求：通视良好的宽阔场地，有足够的测量标志。
4. 成员要求：4 ~ 5 人一个小组。每位同学依次完成全站仪的架设和读数。

三、实训内容与步骤

（一）安置仪器

将三脚架架腿螺旋松开，拉伸脚架至合适高度（大致与观测者胸口齐平），拧紧架腿螺旋。然后打开三脚架使三脚架中心与测站点大致对中，架头大致水平；三脚架架腿牢固地支撑在地面上,从仪器箱双手取出仪器置于架头上,用连接螺旋将仪器固定到脚架上。再从仪器箱取出电池安装于正确位置并开机。

安置好仪器后,先了解全站仪各部件名称与功能。

(二)对中

全站仪有光学对中和激光对中两种对中方式,光学对中参照经纬仪的使用。若采用激光对中,先打开激光对中器,通过调节脚螺旋或抬起架腿等方法使激光对中器光斑与地面测量点标志中心重合即完成对中。

(三)粗平

拧松需调整的脚架螺旋,通过缩短或伸长三脚架架腿使圆水准器气泡居中。调整时应注意仪器安全。

(四)精平

使水准管平行于两个脚螺旋连线,同时对向调整这两个脚螺旋,使管水准气泡居中,调整方法遵循“左手法则”。然后旋转照准部 90°,调整第三个脚螺旋使管水准器气泡居中。照准部任意旋转一位置进行检查,若任意方向气泡都居中,则精平完成。

(五)再对中

整平操作会略微破坏之前的对中,整平后需检查对中情况。若激光对中器光斑偏离测站点中心的幅度很小,则稍许松开仪器中心螺旋,小心地将仪器在三脚架架头上平移(只能前后或左右转动,不能扭动),直到测量点精确对中后再旋紧中心螺旋。然后查看仪器精平状态,不满足时应再次精平。如果对中偏离较大,应重新进行对中操作及整平工作。

(六)调焦与照准

照准明亮背景,调节目镜,使十字丝清晰;转动仪器,用粗瞄器粗略瞄准目标,旋转物镜调焦螺旋,使目标清晰;转动微动螺旋,精确瞄准目标,如图 2-7 所示。水平角测量,用竖向单丝平分或双丝夹目标;竖直角测量,用横向中丝平切目标。观测时注意消除视差。

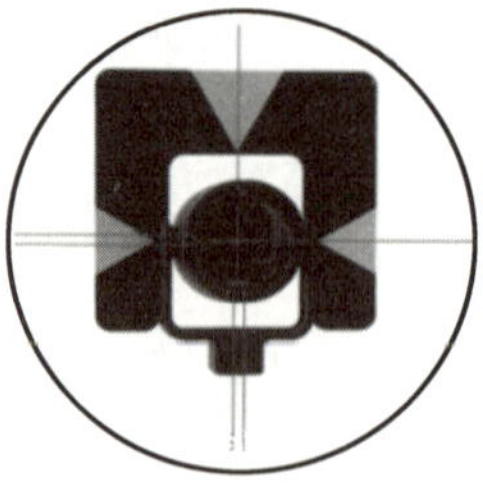

图 2-7 调焦与照准

(七)读数

选择测角模式,直接从显示屏上读取水平度盘读数(HR)或竖直度盘读数(V)。

四、注意事项

1. 全站仪较为贵重，使用时要注意安全。取放仪器时要双手进行，当仪器与脚架没有固定连接时，手不能松开仪器。

2. 严禁多人同时操作一台仪器，当一个人操作时，其他同学只能语言帮助，防止操作不当损坏仪器。

3. 在旋转仪器之前需先检查各制动螺旋是否处于松开状态，不得盲目旋转仪器。

4. 严禁直接用望远镜观察太阳，禁止用望远镜经棱镜或其他反射目标观察太阳，以免造成视力损伤或仪器损坏。

5. 把仪器放入仪器箱之前应先取下电池，松开制动螺旋，并将仪器正确放置到仪器箱。取出电池前务必先关闭电源。

6. 测量工作在野外进行，要不畏严寒酷暑。实验过程中要严格按照操作规程进行。

7. 全站仪为精密仪器，使用时要小心谨慎，各个螺旋要缓慢转动，不能用力过大。

8. 本实训项目需要小组合作完成，实训过程中要友爱互助，体现集体意识和团队精神。

五、思考与练习

1. 水平度盘显示的 HR 或 HL 是什么意思？

2. 全站仪进行竖直角观测有哪些显示模式？

六、实训报告

角度观测练习记录表

日期：　　　　　　　　　仪器型号：　　　　　　　　　天气：

班级：　　　　　　　　　小　组：　　　　　　　　　　姓名：

<table>
<tr><th>测站</th><th>竖盘位置</th><th>目标</th><th>水平度盘读数/
(°　′　″)</th><th>竖直度盘读数/
(°　′　″)</th><th>备注</th></tr>
<tr><td rowspan="2"></td><td rowspan="2"></td><td></td><td></td><td></td><td rowspan="2"></td></tr>
<tr><td></td><td></td><td></td></tr>
<tr><td rowspan="2"></td><td rowspan="2"></td><td></td><td></td><td></td><td rowspan="2"></td></tr>
<tr><td></td><td></td><td></td></tr>
<tr><td rowspan="2"></td><td rowspan="2"></td><td></td><td></td><td></td><td rowspan="2"></td></tr>
<tr><td></td><td></td><td></td></tr>
<tr><td rowspan="2"></td><td rowspan="2"></td><td></td><td></td><td></td><td rowspan="2"></td></tr>
<tr><td></td><td></td><td></td></tr>
<tr><td rowspan="2"></td><td rowspan="2"></td><td></td><td></td><td></td><td rowspan="2"></td></tr>
<tr><td></td><td></td><td></td></tr>
<tr><td rowspan="2"></td><td rowspan="2"></td><td></td><td></td><td></td><td rowspan="2"></td></tr>
<tr><td></td><td></td><td></td></tr>
<tr><td rowspan="2"></td><td rowspan="2"></td><td></td><td></td><td></td><td rowspan="2"></td></tr>
<tr><td></td><td></td><td></td></tr>
<tr><td rowspan="2"></td><td rowspan="2"></td><td></td><td></td><td></td><td rowspan="2"></td></tr>
<tr><td></td><td></td><td></td></tr>
</table>

七、实训评价

评价项目	评价标准	分值	评分	
			小组自评	教师评价
实训纪律	遵守纪律，按时出勤，爱护仪器工具，无仪器损坏现象，无违纪情况，文明作业	20		
操作过程	操作熟练、规范，方法、步骤正确	30		
记录计算	记录规范，计算正确，检核内容齐全	20		
测量成果	精度符合要求	20		
团队合作	服从组长安排，积极配合组员工作	10		
总分		100		

测回法观测水平角

实训项目 7
测回法测水平角

【任务导航】水平角的观测程序根据测量工作精度要求和观测目标的多少而定。常用的观测方法有测回法和方向法。测回法适用于在一个测站点上观测两个目标，一个测回分为上下两个半测回，如果测角精度较高，则需要进行多测回观测。通过本次实训掌握测回法观测水平角的方法与步骤，以及多测回观测的要求。

一、实训目标

1. 熟练掌握测回法测量水平角的观测程序、记录、计算与检核的方法和要求。
2. 进一步熟悉全站仪（或经纬仪）的使用。
3. 掌握多测回观测的要求和度盘配置的方法。
4. 培养学生尊重规范与标准、尊重操作规程的规则意识和精益求精的态度。

二、实训要求

1. 学时要求：2 学时。
2. 设备要求：借领全站仪 1 套，棱镜 2 套（带脚架），记录板 1 个，自备铅笔 2 支。
3. 场地要求：通视良好的宽阔场地。场地有测量标志点每组 3 个（1 个测站点 2 个目标点）。
4. 成员要求：4 ~5 人一个小组。

三、实训内容与步骤

每位同学按测回法完成一个角度两测回的观测。

如图 2-8 所示，欲测水平角 $\angle AOB$，按测回法操作步骤如下。

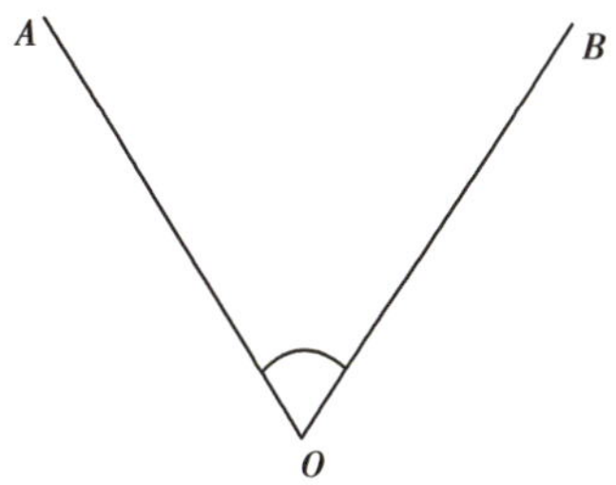

图 2-8　水平角

(一)安置仪器

在 O 点安置测角仪器,对中、整平。在 A、B 两点分别设置觇牌或棱镜等照准标志。

(二)第一测回

● 盘左观测

目镜朝向观测者时竖盘位于望远镜的左边称为盘左位置(又称正镜),观测时,望远镜照准左目标 A(起始方向),将度盘配置为0°(若为全站仪观测,水平角度盘模式要设置为 HR,选择"置零"),将读数 $a_{左}$ 记入"水平角观测记录表"中;松开制动螺旋,顺时针转动照准部照准右目标 B(终止方向),测得 $b_{左}$ 并记入表中。则盘左位置测得上半测回角值为 $\beta_{左}=b_{左}-a_{左}$。

● 盘右观测

纵转望远镜使仪器处于盘右位置,再次照准 B 目标,得读数 $b_{右}$ 记入"水平角观测记录表";然后逆时针旋转照准部照准 A 目标,测得读数 $a_{右}$ 记入表中。则盘右位置测得下半测回角值为 $\beta_{右}=b_{右}-a_{右}$。

● 水平角计算

盘左、盘右两个半测回合称为一个测回。为了抵消仪器误差和观测误差对测角的影响,在一般的工程测量中,如果上下两个半测回2″级仪器不超过24″(6″级仪器不超过40″),可取两个半测回所测角值的平均值作为一测回的角值。

$$\beta=\frac{\beta_{左}+\beta_{右}}{2}$$

如果超限,应立即重测。

(三)第二测回

第二测回与第一测回的观测程序一致,但需要按180°/n(n 为测回数)增加度盘配置度数。即若观测2个测回($n=2$),则第二测回在盘左位置将起始方向设置为90°。经纬仪通过调节度盘变换手轮配置度盘,全站仪观测时选择"置盘"通过手动输入90°配置度盘。2″级仪器观测各测回间互差不超过24″,计算各测回的平均角值;如果超限,应立即全部重测。

四、注意事项

1. 经纬仪水平度盘为顺时针注记(全站仪观测,水平角度盘模式设置为 HR),水平角角值的计算总是以水平角的右目标读数减去左目标读数。如果计算的值为负,则在右目标读数上加360°再计算。
2. 多测回观测,各测回应按180°/n(n 为测回数)增加起始方向的度盘读数。
3. 当记录者听到观测者所报读数后,要复诵数据,经确认后方可记入记录表中。
4. 水平角观测时用竖丝瞄准目标,且上下半测回瞄准目标的位置应一致。
5. 观测过程中注意不要误动度盘变换手轮(或误动全站仪"置零""置盘"按钮)。

6. 数据记录要工整、清晰、整洁，不得涂改数据。一切外业观测值和记录项目，应在现场直接记录，不得转抄、追记成果。当场计算检核，成果超限应立即重测。

7. 测量工作在野外进行，要不畏严寒酷暑，能吃苦耐劳。

8. 实验过程中要严格按照操作规程进行。仪器设备较为贵重，要注意设备使用安全。

9. 本实训项目需要小组合作完成，实训过程中要友爱互助，体现集体意识和团队精神。

五、思考与练习

1. 水平角观测过程中，若上半测回测完后，发现水准管气泡偏离中心超过 2 格，该如何处理？

2. 什么是多测回观测？为何要多测回观测？

六、实训报告

水平角观测记录表(测回法)

日期：　　　　　　　　仪器型号：　　　　　　　　天气：

班级：　　　　　　　　小　组：　　　　　　　　　姓名：

<table>
<tr><th>测站</th><th>测回</th><th>竖盘位置</th><th>目标</th><th>水平度盘读数/(°　′　″)</th><th>半测回角值/(°　′　″)</th><th>一测回角值/(°　′　″)</th><th>各测回均值/(°　′　″)</th><th>备注</th></tr>
<tr><td rowspan="8"></td><td rowspan="4"></td><td rowspan="2"></td><td></td><td></td><td rowspan="2"></td><td rowspan="4"></td><td rowspan="8"></td><td rowspan="8"></td></tr>
<tr><td></td><td></td></tr>
<tr><td rowspan="2"></td><td></td><td></td><td rowspan="2"></td></tr>
<tr><td></td><td></td></tr>
<tr><td rowspan="4"></td><td rowspan="2"></td><td></td><td></td><td rowspan="2"></td><td rowspan="4"></td></tr>
<tr><td></td><td></td></tr>
<tr><td rowspan="2"></td><td></td><td></td><td rowspan="2"></td></tr>
<tr><td></td><td></td></tr>
<tr><td rowspan="8"></td><td rowspan="4"></td><td rowspan="2"></td><td></td><td></td><td rowspan="2"></td><td rowspan="4"></td><td rowspan="8"></td><td rowspan="8"></td></tr>
<tr><td></td><td></td></tr>
<tr><td rowspan="2"></td><td></td><td></td><td rowspan="2"></td></tr>
<tr><td></td><td></td></tr>
<tr><td rowspan="4"></td><td rowspan="2"></td><td></td><td></td><td rowspan="2"></td><td rowspan="4"></td></tr>
<tr><td></td><td></td></tr>
<tr><td rowspan="2"></td><td></td><td></td><td rowspan="2"></td></tr>
<tr><td></td><td></td></tr>
</table>

七、实训评价

评价项目	评价标准	分值	评分	
			小组自评	教师评价
实训纪律	遵守纪律，按时出勤，爱护仪器工具，无仪器损坏现象，无违纪情况，文明作业	20		
操作过程	操作熟练、规范，方法、步骤正确	30		
记录计算	记录规范，计算正确，检核内容齐全	20		
测量成果	精度符合要求	20		
团队合作	服从组长安排，积极配合组员工作	10		
总分		100		

实训项目 8

竖直角观测

【任务导航】在测量工作中,如果需要将倾斜距离改正为水平距离,或者在三角高程测量中利用距离计算两点间高差,均需要观测竖直角。光学经纬仪进行竖直角观测需要事先判断竖直角的计算公式,然后利用竖盘读数计算竖直角;全站仪的竖直角是直接显示在电子显示屏上的。本次实训内容是利用光学经纬仪进行竖直角观测。

一、实训目标

1. 了解竖盘的构造,理解竖直角的测量原理,掌握判断竖直角计算公式的方法。
2. 熟悉竖直角的观测程序和计算方法,掌握竖盘指标差的计算方法。
3. 培养学生吃苦耐劳、耐心仔细的品质和规范操作的规则意识。

二、实训要求

1. 学时要求:2 学时。
2. 设备要求:借领 DJ_2 光学经纬仪 1 套,记录板 1 个,自备铅笔 2 支。
3. 场地要求:通视良好的宽阔场地;有足够的地面测量标志点和观测目标。
4. 成员要求:4 ~5 人一个小组。每人观测一个测回。

三、实训内容与步骤

1. 在指定测量标志点上安置经纬仪,对中、整平。将竖盘指标自动补偿器打开(或调节竖盘指标水准管气泡居中)。

2. 判断竖直角计算公式。盘左位置使望远镜大致水平,观测竖盘读数假设大约为 90°;将望远镜上扬,观察竖盘读数 L 是增大还是减小,以此判断竖直角的计算公式。

抬高望远镜,竖盘读数 L 减小,竖盘为顺时针注记,竖直角计算公式为:

$$\alpha_{左}=90^{\circ}-L,\ \alpha_{右}=R-270^{\circ}$$

抬高望远镜，竖盘读数 L 增大，竖盘为逆时针注记，竖直角计算公式为：

$$\alpha_{左}=L-90^{\circ},\ \alpha_{右}=270^{\circ}-R$$

3. 一测回竖直角观测：

(1)盘左用十字丝横丝照准目标，读取盘左度盘读数 L，记入“竖直角观测记录表”，按竖直角计算公式计算出上半测回竖直角 $\alpha_{左}$。

(2)盘右用十字丝横丝照准目标，读取盘右度盘读数 R，记入“竖直角观测记录表”，按竖直角计算公式计算出下半测回竖直角 $\alpha_{右}$。

(3)竖直角一测回角值为：

$$\alpha=\frac{1}{2}(\alpha_{左}+\alpha_{右})$$

4. 竖盘指标差。当望远镜视线水平时，竖盘理论读数应为 90°或 270°，若水平视线实际读数不等于理论读数，两数据差值称为竖盘指标差，用 x 表示：

$$x=\frac{(L+R)-360^{\circ}}{2}$$

指标差属于仪器本身误差，$x\leqslant 60''$时不必校正；否则，需要校正。指标差互差可以反映观测质量。为了保证观测质量，规范规定经纬仪指标差互差 DJ_2 型不超过 ±15″，DJ_6 型不超过 ±25″。

若采用全站仪进行竖直角测量，在角度测量模式下竖直角的显示方式一般有竖直角（水平方向 0°，直接显示竖直角）、竖直度盘读数（水平方向 ±90°，通过计算求得竖直角）、天顶距（天顶方向 0°），且它们之间的显示方式可以通过按键相互切换。

四、注意事项

1. 竖直角观测时，用十字丝横丝照准目标。盘左盘右应照准目标同一位置。
2. 竖直角观测时，应将竖盘指标自动补偿器打开（或调节竖盘指标水准管气泡居中）。
3. 经纬仪观测竖直角，直接读取的竖盘读数不是竖直角，竖直角应通过计算获得。
4. 竖直角必须具有“ + ”“ - ”号，仰角为“ + ”，俯角为“ - ”。
5. 竖盘指标差属于仪器本身误差，指标差互差可以反映观测质量。
6. 数据记录要工整、清晰、整洁，不得转抄与涂改数据。
7. 实训过程中要严格按照操作规程进行，要友爱互助。
8. 仪器设备较为贵重，要注意仪器设备使用安全，室外实训环境复杂，注意人身安全。

五、思考与练习

1. 怎样判断竖直角计算公式？
2. 什么是指标差？怎样处理指标差对竖直角的影响？

六、实训报告

竖直角观测记录表

日期：　　　　　　　　　仪器型号：　　　　　　　　　天气：

班级：　　　　　　　　　小　组：　　　　　　　　　　姓名：

测站	目标	竖盘位置	竖盘读数/(°　′　″)	半测回竖直角/(°　′　″)	指标差/(″)	一测回竖直角/(°　′　″)	备注

七、实训评价

评价项目	评价标准	分值	评分	
			小组自评	教师评价
实训纪律	遵守纪律,按时出勤,爱护仪器工具,无仪器损坏现象,无违纪情况,文明作业	20		
操作过程	操作熟练、规范,方法、步骤正确	30		
记录计算	记录规范,计算正确,检核内容齐全	20		
测量成果	精度符合要求	20		
团队合作	服从组长安排,积极配合组员工作	10		
总分		100		

实训项目 9
全站仪的检验与校正

【任务导航】测量工作中必须使用检验合格的仪器设备，所有计量仪器均应按规定进行检验，并保留检测报告。通常，以下情况下必须进行常规检校：

(1)在第一次使用仪器前；

(2)在每次高精度测量前；

(3)在颠簸或长时间运输后；

(4)在长时间存放后；

(5)精密测量时，最后一次校正时的温度与当前温度变化超过 10 ℃。

全站仪的校正方法有机械校正和电子校正两种。通过本次实训掌握全站仪的检验项目并了解其校正方法：水准管轴 $LL \perp$ 竖轴 VV；圆水准器轴 $L'L' \parallel$ 纵轴 VV；视准轴 $CC \perp$ 横轴 HH；十字丝的竖丝 $\perp$ 横轴 HH；横轴 $HH \perp$ 竖轴 VV。

一、实训目标

1. 了解全站仪的基本构造。
2. 熟悉全站仪各部件的名称及功能。
3. 掌握全站仪的检验方法，了解全站仪的校正方法。
4. 培养学生吃苦耐劳的品质、团队协作的合作精神和精益求精的工作态度。

二、实训要求

1. 学时要求：2 学时。
2. 设备要求：借领全站仪 1 套，带基座棱镜 2 套，记录板 1 个，自备铅笔 2 支。
3. 场地要求：通视良好的宽阔场地。
4. 成员要求：4 ~ 5 人一个小组。

三、实训内容与步骤

(一)水准管轴 $LL \perp$ 竖轴 VV 的检验和校正

使仪器照准部水准管轴垂直于竖轴，这样就可以通过调整水准管气泡居中使竖轴铅垂，从而整平仪器。

1. 检验。将仪器大致整平，转动照准部使水准管和任意两个脚螺旋连线平行，转动这两个脚螺旋使水准管气泡居中，此时水准管轴水平。将照准部旋转180°，如果水准管气泡仍居中，表明条件满足；若气泡不居中，说明两轴不垂直，则需进行校正。

2. 校正(仪器使用率较高，为保证仪器具有正确的轴系关系，校正操作只需要了解，不需实际操作，下同)。转动上述两个脚螺旋，使气泡向中央移动偏离量的一半，用校正针拨动水准管一端的校正螺丝，使气泡居中，此时水准管轴处于水平位置，竖轴处于铅垂位置。校正后，应按上述方法进行检验，若不满足条件，需反复进行检验校正，直至照准部旋转到任何位置，气泡均居中为止。

(二)圆水准轴 $L'L'$ // 纵轴 VV 的检验和校正

其目的是使圆水准气泡居中代表仪器纵轴铅垂。

1. 检验。根据校正后的水准管整平仪器，使纵轴铅垂，此时圆水准器的气泡如果不居中，则需要校正。

2. 校正。用校正针拨松圆水准器底部的固定螺旋1(见图2-9)，然后拨转校正螺旋2，使气泡居中，再拨紧固定螺旋1。

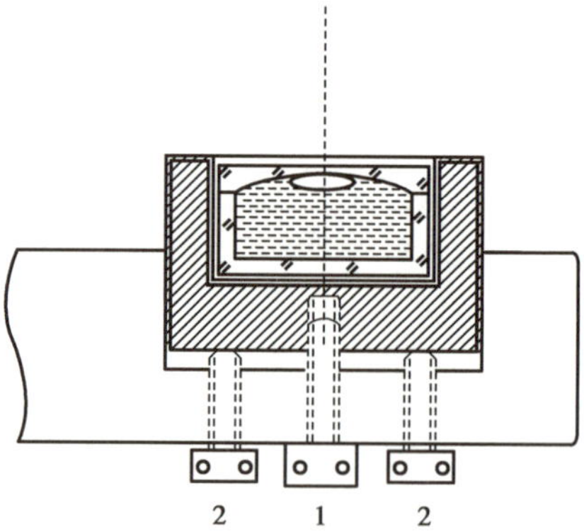

图 2-9　圆水准器的校正

(三)视准轴 $CC \perp$ 横轴 HH 的检验和校正

使视准轴垂直于横轴，这样才能使望远镜绕横轴旋转时扫出的是一竖直平面。

1. 检验。整平仪器，在视线水平位置选一目标 P。用盘左照准 P 点水平度盘读数为 L，盘右照准 P 读取度盘读数为 R。$2C = L - (R \pm 180°)$，C 值过大则需进行校正。

2. 校正。全站仪一般带有视准轴电子校正程序，使用程序即可校正。以下为某型号全站仪的视准轴校正程序的步骤，其校正原理与方法供参考。

(1)如图 2-10 所示，在距离仪器约 100 m 的平坦地面处设置一目标。

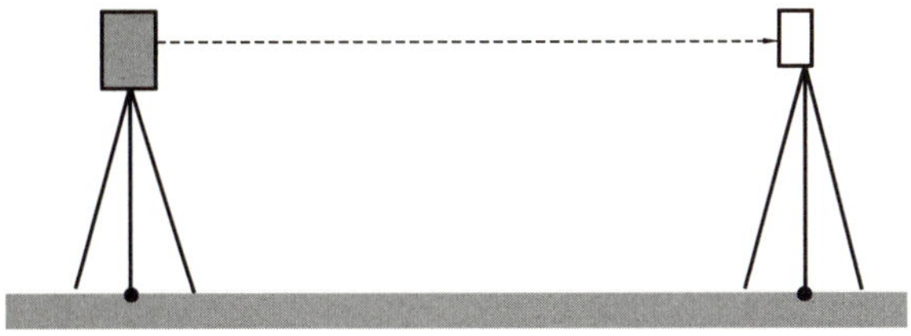

图 2-10　视准轴电子校正场地设置

(2)显示视准轴界面：精确整平仪器，在配置模式下，选择“仪器常数”，再选择“视准差测定”，如图 2-11 所示。

(3)盘左照准参考点：盘左精确照准参考点，按“确认”键。

(4)盘右照准参考点：旋转仪器 180°，盘右精确照准同一参考点，按“确定”键。

(5)设置常数值：按“确定”键，设置常数值；按“否”键，放弃测定值，返回“视准轴”界面。

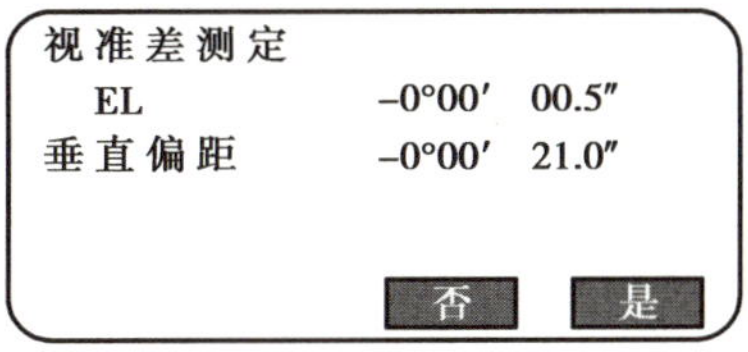

图 2-11　视准轴电子校正

(四)十字丝的竖丝⊥横轴 *HH* 的检验与校正

1. 检验。整平仪器，用十字丝纵丝瞄准一固定点 *P*；固定照准部和望远镜，将望远镜上下微动，若从望远镜里观察到该点始终不离开纵丝，则条件满足，不用校正；否则，应进行校正。

2. 校正。卸下目镜处的十字丝保护盖，旋松四个十字丝环固定螺丝，如图 2-12 所示。轻轻转动十字丝环，再次检验，重复校正，直到望远镜上下微动时，*P* 点始终在纵丝上为止。旋紧四个固定螺丝，装上保护盖。

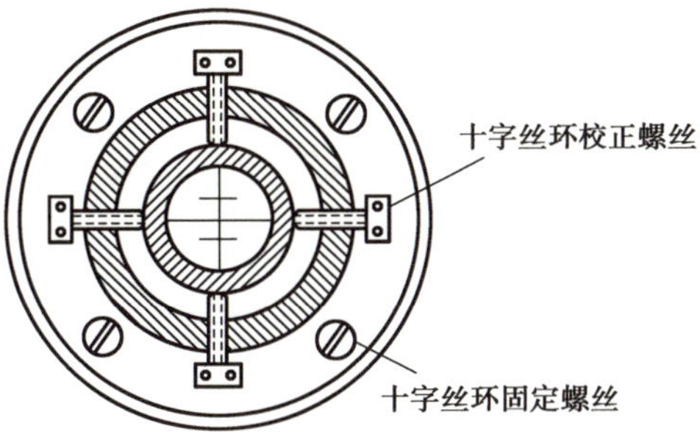

图 2-12　十字丝的检验和校正

(五)横轴 $HH \perp$ 竖轴 VV 的检验和校正

1. 检验。如图 2-13 所示,在离墙 20 ~ 30 m 处安置仪器。盘左瞄准高处一点 P(仰角宜在 30°左右),制动照准部。然后,大致放平望远镜,用十字丝中心在墙上定出一点 P_1;再以盘右瞄准 P 点,放平望远镜,在墙上定出一点 P_2;如果 P_1 点与 P_2 点重合,则横轴垂直于纵轴;若不重合,则需要进行校正。

2. 校正。通过调整横轴的固定螺丝进行校正。由于仪器横轴校正设备密封在仪器内部,该项校正应由仪器维修人员进行。

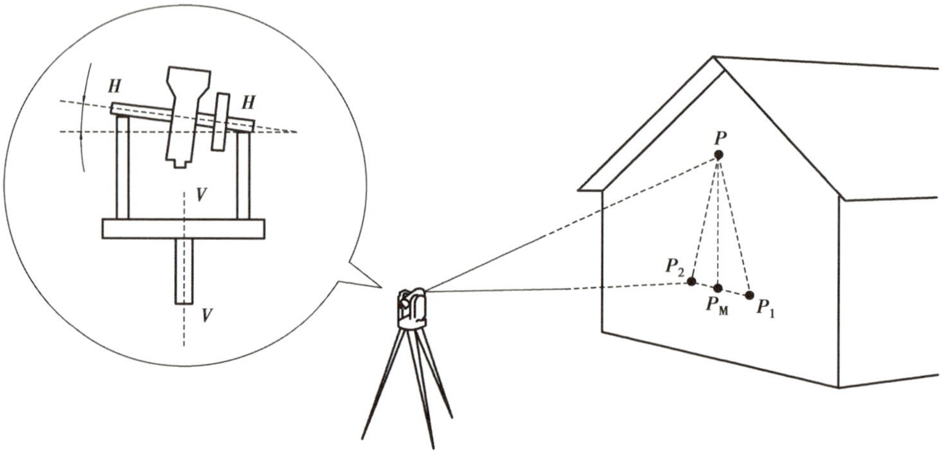

图 2-13　横轴的检验

四、注意事项

1. 检验时仪器的其他各项参数设置要正确。

2. 仪器设备较为贵重且使用率较高,为保证仪器具有正确的轴系关系,校正操作只需要了解,不需要实际操作。

3. 测量工作在野外进行,要不畏严寒酷暑。

4. 实训过程中要严格按照操作规程进行。爱护仪器设备,注意设备的使用安全及人身安全。

5. 本实训项目需要小组合作完成,实训过程中要友爱互助,体现团结协作精神。

五、思考与练习

1. 全站仪的主要轴线有哪些?

2. 当照准部水准管轴经检验不满足要求需要校正时,为何需要转动对应两个脚螺旋使气泡向中央移动偏离量的一半,再用校正针拨动水准管一端的校正螺丝使气泡居中,而不是直接用校正针拨动水准管一端的校正螺丝使气泡居中?

六、实训报告

全站仪的检验

日期：　　仪器型号：　　天气：

班级：　　小　组：　　姓名：

1. 一般性检验

检查内容	仪器外观	脚螺旋	制动、微动螺旋	调焦螺旋	望远镜成像
是否正常（完好）					

2. 照准部水准管轴的检验

检验	仪器整平后	旋转仪器 180°后
绘图示意水准管气泡位置		

3. 圆水准器的检验

检验	检验初始位置	检验终了位置
绘图示意圆水准器气泡位置		

4. 视准轴的检验

内容	盘左读数 L	盘右读数 R	$2C = L - (R \pm 180°)$
第一次			
第二次			
第三次			

七、实训评价

<table>
<tr><th rowspan="2">评价项目</th><th rowspan="2">评价标准</th><th rowspan="2">分值</th><th colspan="2">评分</th></tr>
<tr><th>小组自评</th><th>教师评价</th></tr>
<tr><td>实训纪律</td><td>遵守纪律，按时出勤，爱护仪器工具，无仪器损坏现象，无违纪情况，文明作业</td><td>20</td><td></td><td></td></tr>
<tr><td>操作过程</td><td>操作熟练、规范，方法、步骤正确</td><td>30</td><td></td><td></td></tr>
<tr><td>记录计算</td><td>记录规范，计算正确，检核内容齐全</td><td>20</td><td></td><td></td></tr>
<tr><td>测量成果</td><td>精度符合要求</td><td>20</td><td></td><td></td></tr>
<tr><td>团队合作</td><td>服从组长安排，积极配合组员工作</td><td>10</td><td></td><td></td></tr>
<tr><td>总分</td><td></td><td>100</td><td></td><td></td></tr>
</table>

实训项目 10
钢尺量距

【任务导航】距离是几何测量的基本元素,工程中的距离测量一般有卷尺量距、视距测量与电磁波测距。卷尺量距是用卷尺直接在地面上测量两点间的距离。此方法主要适用于地面平坦,距离较近的测距场合。因其操作方便、技术简单,在工程中常用到钢卷尺测距,如墙体厚度检测、轴线间距检测、构件安装定位等。钢尺量距按精度要求分为精密钢尺量距与一般钢尺量距。通过本实训掌握一般钢尺量距的方法和直线定线的操作步骤。

一、实训目标

1. 熟悉钢尺量距的一般方法。
2. 掌握相对误差的计算及量距精度的判断。
3. 培养学生团队合作的品质和精益求精的工匠精神。

二、实训要求

1. 学时要求:2 学时。
2. 设备要求:借领钢尺一把(30 ~ 50 m),DJ_2 经纬仪 1 台(配三脚架),标杆 1 套,记录板 1 块,测钎若干,自备计算器和铅笔。
3. 场地要求:通视良好的宽阔平坦场地。
4. 成员要求:4 ~ 5 人一个小组。

三、实训内容与步骤

1. 在平坦的地面上确定距离约 100 m 的 A、B 两个点,并做上标记,作为丈量的起止点。
2. 直线定线:
(1)目估定线。先在 A、B 两点分别竖立标杆,甲站在 A 点标杆后指挥,乙持标杆 1 在约整尺段处左右移动，直到甲从 A 点沿标杆的同一侧看到 A、1、B 三点处标杆成一条线为止，此时 1 点就在 A、B 两点间的连线上；同法可定出直线上的其他点。定线时相邻点之间要小于或等于一个整尺段。

（2）经纬仪定线。在 A 点安置仪器并严格对中、整平，用十字丝竖丝瞄准 B 点（为方便瞄准，在 B 点竖立标杆，瞄准标杆底部）并制动照准部，此时视线方向即为 AB 方向。依次下俯望远镜，在视线方向上合适位置标出一系列分段点，进行直线定线。

3. 整尺段法进行往返测量：

（1）往测（$A \to B$）：后尺手持钢尺零点端将尺零点对准 A 点，前尺手持尺盒和测钎沿 AB 方向前进，行至一整尺段处，将尺子安放在 AB 直线上，拉直抬平后，由前尺手在整尺段（如 30 m）处用测钎标记，完成一整段的测量；依次进行余下测量，直至量到 B 点处。记录者在“钢尺量距记录表”上依次记录下整段长度、段数、余段长度，计算往测总长。

（2）返测（$B \to A$）：用同样的方法由 B 向 A 进行返测，得出直线 AB 返测水平距离，将观测数据记入“钢尺量距记录表”中。

4. 精度。计算相对误差 $K = \dfrac{|D_{往} - D_{返}|}{(D_{往} + D_{返})/2}$，并判断是否达标，完成精度检核。若精度合格则取往返距离的平均数作为最终结果，若不合格则需要重测。

四、注意事项

1. 钢尺量距时要做到“直、平、准”，前、后尺手动作要配合好，所量分段点的部位应一致。
2. 注意尺子 0 端的位置，读数要耐心仔细，记录应清楚。
3. 钢尺性脆易折断，防止打折、扭曲、拖拉，并严禁车碾、人踏，以免损坏。
4. 本实训项目需要小组合作完成，实训过程中要友爱互助，体现集体意识和团队精神。

五、思考与练习

1. 在钢尺量距过程中，如果地面不平整，应如何处理？
2. 影响钢尺量距精度的因素有哪些？

六、实训报告

钢尺量距记录表

日期：　　　　　　　　　　　　仪器型号：　　　　　　　　　　天气：

班级：　　　　　　　　　　　　小　组：　　　　　　　　　　　姓名：

<table>
<tr><th colspan="2">测线</th><th rowspan="2">观测方向
（往/返）</th><th rowspan="2">整尺长</th><th rowspan="2">整尺
段数</th><th rowspan="2">余尺长</th><th rowspan="2">总长
D/m</th><th rowspan="2">往返较差
$D_{往}-D_{返}$
/m</th><th rowspan="2">精度 K
$\frac{|D_{往}-D_{返}|}{D_{平均}}$</th><th rowspan="2">平均
距离
$D_{平均}$/m</th><th rowspan="2">备注</th></tr>
<tr><th>起点</th><th>终点</th></tr>
<tr><td rowspan="2"></td><td rowspan="2"></td><td></td><td></td><td></td><td></td><td></td><td rowspan="2"></td><td rowspan="2"></td><td rowspan="2"></td><td rowspan="2"></td></tr>
<tr><td></td><td></td><td></td><td></td><td></td></tr>
<tr><td rowspan="2"></td><td rowspan="2"></td><td></td><td></td><td></td><td></td><td></td><td rowspan="2"></td><td rowspan="2"></td><td rowspan="2"></td><td rowspan="2"></td></tr>
<tr><td></td><td></td><td></td><td></td><td></td></tr>
<tr><td rowspan="2"></td><td rowspan="2"></td><td></td><td></td><td></td><td></td><td></td><td rowspan="2"></td><td rowspan="2"></td><td rowspan="2"></td><td rowspan="2"></td></tr>
<tr><td></td><td></td><td></td><td></td><td></td></tr>
<tr><td rowspan="2"></td><td rowspan="2"></td><td></td><td></td><td></td><td></td><td></td><td rowspan="2"></td><td rowspan="2"></td><td rowspan="2"></td><td rowspan="2"></td></tr>
<tr><td></td><td></td><td></td><td></td><td></td></tr>
<tr><td rowspan="2"></td><td rowspan="2"></td><td></td><td></td><td></td><td></td><td></td><td rowspan="2"></td><td rowspan="2"></td><td rowspan="2"></td><td rowspan="2"></td></tr>
<tr><td></td><td></td><td></td><td></td><td></td></tr>
<tr><td rowspan="2"></td><td rowspan="2"></td><td></td><td></td><td></td><td></td><td></td><td rowspan="2"></td><td rowspan="2"></td><td rowspan="2"></td><td rowspan="2"></td></tr>
<tr><td></td><td></td><td></td><td></td><td></td></tr>
<tr><td rowspan="2"></td><td rowspan="2"></td><td></td><td></td><td></td><td></td><td></td><td rowspan="2"></td><td rowspan="2"></td><td rowspan="2"></td><td rowspan="2"></td></tr>
<tr><td></td><td></td><td></td><td></td><td></td></tr>
<tr><td rowspan="2"></td><td rowspan="2"></td><td></td><td></td><td></td><td></td><td></td><td rowspan="2"></td><td rowspan="2"></td><td rowspan="2"></td><td rowspan="2"></td></tr>
<tr><td></td><td></td><td></td><td></td><td></td></tr>
</table>

七、实训评价

评价项目	评价标准	分值	评分	
			小组自评	教师评价
实训纪律	遵守纪律,按时出勤,爱护仪器工具,无仪器损坏现象,无违纪情况,文明作业	20		
操作过程	操作熟练、规范,方法、步骤正确	30		
记录计算	记录规范,计算正确,检核内容齐全	20		
测量成果	精度符合要求	20		
团队合作	服从组长安排,积极配合组员工作	10		
总分		100		

实训项目 11
视距测量

【任务导航】视距测量是用有视距丝装置的测量仪器配合标尺，利用相似三角形原理，间接测定两点间距离。该测量方法操作方便，但精度一般较低，主要适用于“模拟法”地形图测绘和高精度水准测量时前、后视距离的快速简单测量。本实训项目同时测定水平距离与高差，在了解视距测量的基本原理，熟悉视距法测平距与高差的计算公式的同时，也为理解三角高程测量的原理奠定基础。

一、实训目标

1. 了解视距测量的基本原理。
2. 熟悉视距法测平距与高差的计算公式。
3. 掌握视距法测量水平距离与高差的观测、记录和计算方法。
4. 培养学生团队协作意识和探究真理的精神。

二、实训要求

1. 学时要求：2 学时。
2. 设备要求：借领 DJ_2 经纬仪 1 套，水准尺 1 根，小钢卷尺 1 个，记录板 1 块，自备计算器和铅笔。
3. 场地要求：通视良好的宽阔场地。
4. 成员要求：4 ~ 5 人一个小组。

三、实训内容与步骤

1. 如图 2-14 所示，在实训场地选择一点 A 为测站，安置经纬仪并严格对中、整平，量取仪器高 i，竖直方向转动望远镜，观测竖盘读数的变化规律，判断竖直角的计算公式。

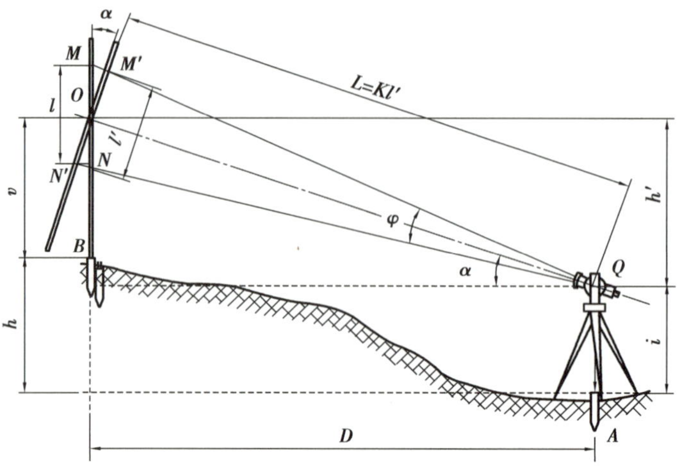

图 2-14　视距测量

2. 选择一待测点 B 作为目标，立水准尺。用盘左瞄准 B 点处水准尺，读出并记录上、下、中三丝读数 M,N,v，将数据记入“视距测量记录表”中。

3. 读取竖盘读数 L，记录并计算出竖直角 α。

4. 利用公式计算水平距离 D 和高差 h：

$$D = Kl \cdot \cos^2\alpha \qquad (其中\ K = 100\ ,l = M - N)$$

$$h = D\tan\alpha + i - v$$

四、注意事项

1. 为减少垂直折光的影响，观测时应尽可能使视线离地面 1m 以上。要在成像稳定的情况下进行观测。

2. 水准尺应铅垂立直。读取竖角时应开启补偿器。

3. 计算时注意竖直角带有正、负号，输入时要带符号输入（按公式计算时）。

4. 本实训项目需要小组合作完成，实训过程中要友爱互助，体现集体意识和团队精神。

五、思考与练习

1. 视距测量的测距精度与钢尺量距相比哪个更高？

2. 视距测量进行高程测量的精度与水准测量的精度相比哪个更高？

3. 视距测量法测平距与高差的误差来源于哪些方面？为了提高观测精度可采取什么措施？

六、实训报告

视距法测平距与高差观测记录表

日期：　　　　　　　　　　仪器型号：　　　　　　　　　　天气：

班级：　　　　　　　　　　小　组：　　　　　　　　　　姓名：

指标差 $x=$

测站	目标	仪高 i /m	上丝/m 下丝/m	尺间隔 l/m	中丝读数 v/m	竖盘读数 L	竖直角 α	平距 D/m	高差 h/m	备注

七、实训评价

<table>
<tr><th rowspan="2">评价项目</th><th rowspan="2">评价标准</th><th rowspan="2">分值</th><th colspan="2">评分</th></tr>
<tr><th>小组自评</th><th>教师评价</th></tr>
<tr><td>实训纪律</td><td>遵守纪律,按时出勤,爱护仪器工具,无仪器损坏现象,无违纪情况,文明作业</td><td>20</td><td></td><td></td></tr>
<tr><td>操作过程</td><td>操作熟练、规范,方法、步骤正确</td><td>30</td><td></td><td></td></tr>
<tr><td>记录计算</td><td>记录规范,计算正确,检核内容齐全</td><td>20</td><td></td><td></td></tr>
<tr><td>测量成果</td><td>精度符合要求</td><td>20</td><td></td><td></td></tr>
<tr><td>团队合作</td><td>服从组长安排,积极配合组员工作</td><td>10</td><td></td><td></td></tr>
<tr><td>总分</td><td></td><td>100</td><td></td><td></td></tr>
</table>

光电测距

实训项目 12
光电测距

【任务导航】光电测距主要是利用光波或电磁波的波长与传播时间的关系来测定两点间的距离,该测量方法精度高,工作方便,测程远,是目前测量中应用最多的测距方法。全站仪是集光电测距与电子测角等功能于一体的多功能测量仪器,在进行测距时需要注意选择合适的测距模式,并根据实际情况设置棱镜常数等相关测量参数。通过本次实训熟悉全站仪的测距功能以及距离测量中大气改正、棱镜常数等相关参数的设置,并能检测棱镜常数。

一、实训目标

1. 进一步熟悉全站仪各主要部件的名称和基本操作;了解光电测距的基本原理。
2. 熟悉全站仪的测距功能以及距离测量中大气改正、棱镜常数等相关参数的设置。
3. 熟悉棱镜常数的测定方法。
4. 了解光电测距中精确测量、快速测量与跟踪测量等各种方法之间的切换。
5. 培养学生认真负责、耐心仔细的工作态度和精益求精的职业精神。

二、实训要求

1. 学时要求:2 学时。
2. 设备要求:借领全站仪 1 套、带基座的棱镜 1 个(配脚架)、记录板 1 个,自备铅笔 2 支。
3. 场地要求:通视良好的宽阔场地。
4. 成员要求:4 ~5 人一个小组。

三、实训内容与步骤

(一)棱镜常数的测定

1. 在地面上确定 A、B 两点,且 A、B 两点的距离超过 50 m。在 A 点安置全站仪,严格对中、整平,将棱镜常数设为临时值"0",在 B 点安置棱镜,用全站仪精确瞄准棱镜的中心,利用测距功能测量 A、B 两点之间的距离 D_{AB} 并记录。再将仪器安置在 B 点,照准 A 点,同样方法测得 B、A 距离 D_{BA}。取 D_{AB} 与 D_{BA} 的平均值为 AB 的水平距离。

2. 利用直线定线的方法,在 AB 连线上定出任意一点 C,并标注于地面。将全站仪移至 C 点安置,严格对中、整平,分别在 A、B 两点安置棱镜,同样利用测距功能测量 C 点与 A、B 两点之间的距离 D_{CA} 和 D_{CB} 并记录。

3. 比较两次测量结果,棱镜常数 $K = D_{CA} + D_{CB} - (D_{AB} + D_{BA})/2$。考虑观测误差和操作误差,自行测出的棱镜常数不能代表棱镜常数的准确值,仅作为验证参考。

(二)距离测量

在地面上确定两点,在一端点安置全站仪,严格对中、整平,设置准确的棱镜常数,在另一点安置棱镜,用全站仪精确瞄准棱镜的中心,利用测距功能精测模式测量两点之间的距离 2~4 次并记入"距离记录表"中。往返测量精度 $K \leqslant \frac{1}{3\ 000}$(距离测量精度 K 根据实际项目要求不同则取值不同),符合精度要求后,取平均值作为两点间的水平距离,也可根据需要进行往返测量并判断量距精度。

小组成员轮流完成以上操作。

四、注意事项

1. 做好防护,避免仪器直接在阳光下曝晒或被雨水淋湿。
2. 注意设备使用安全,操作过程中动作要轻,用力不可过大。
3. 望远镜切忌对向太阳观测,以防损坏仪器或灼伤眼睛。
4. 考虑观测误差和操作误差,自行测出的棱镜常数不能代表棱镜常数的准确值,仅作为验证参考。
5. 本实训项目需要小组合作完成,实训过程中要友爱互助,体现集体意识和团队精神。

五、思考与练习

1. 用全站仪进行距离测量时,粗测、精测、跟踪测有什么区别?
2. 在棱镜常数测定时,如果事先将棱镜常数设为任意数字 c,计算出的常数值为 k,则真实的棱镜常数应为多少?

六、实训报告

棱镜常数的测定

日期：　　　　　　　　仪器型号：　　　　　　　　天气：

班级：　　　　　　　　小　组：　　　　　　　　姓名：

边名	测量次数	读数	平均	备注
A—B	1			
	2			
	3			
B—A	1			
	2			
	3			
C—A	1			
	2			
	3			
C—B	1			
	2			
	3			
K 值	$D_{CA}+D_{CB}-(D_{AB}+D_{BA})/2=$			

距离测量记录表(光电测距)

日期：　　　　　　　　仪器型号：　　　　　　　　天气：

班级：　　　　　　　　小　组：　　　　　　　　姓名：

边名	往测	返测	精度 K	平均值	备注

备注：观测前请确认设置棱镜常数、选择测量模式、照准测量标志。

七、实训评价

评价项目	评价标准	分值	评分	
			小组自评	教师评价
实训纪律	遵守纪律,按时出勤,爱护仪器工具,无仪器损坏现象,无违纪情况,文明作业	20		
操作过程	操作熟练、规范,方法、步骤正确	30		
记录计算	记录规范,计算正确,检核内容齐全	20		
测量成果	精度符合要求	20		
团队合作	服从组长安排,积极配合组员工作	10		
总分		100		

导线测量

实训项目 13
导线测量

【任务导航】导线测量是通过测定导线的边长和各转折角，根据已知数据，推算出各导线边的坐标方位角，并求出各导线点的坐标的测量过程。导线测量是进行平面控制测量的方法之一，其主要目的是确定一系列点的平面位置。它适用于平坦地区、城镇建筑密集区及隐蔽地区。随着光电测距仪及全站仪的普及，全站仪导线测量的应用较为广泛。本次实训要求练习选择导线点、观测导线的边长和转折角，熟悉导线测量的外业工作程序。

一、实训目标

1. 掌握导线测量的选点要求和外业观测内容。
2. 进一步熟悉测回法测水平角和距离测量的观测程序。
3. 培养学生吃苦耐劳、团队协作的品质，培养规则意识和精益求精的工匠精神。

二、实训要求

学时要求：2 学时。

设备要求：每组借领全站仪 1 套，棱镜 2 套（带脚架），记录板 1 个，自备铅笔 2 支。

场地要求：通视良好的宽阔场地。

成员要求：4 ~5 人一个小组。

三、实训内容与步骤

由实训指导教师现场为各小组指定一条附合导线或闭合导线（待定点以 4 ~5 个为宜），各小组按要求完成导线测量工作。采用测回法测量水平角，用全站仪测量各导线边长。

小组成员轮流操作，每位成员观测 1 ~2 个测站。已知数据由指导老师提供。

外业观测步骤：

1. 选点。根据测区的实际情况选择导线点，导线点选择应满足选点相关要求。导线点选定后，应在点位上做（临时）标志，按顺序进行编号并绘制控制点草图。

2. 角度测量。按照导线的前进方向观测各点处转折角，采用测回法测量转折角，观测结果经确认后填入“水平角观测记录表”中。附合导线观测导线的左角（或右角），闭合导线观测闭合多边形的内角。测回法观测水平角上、下半测回较差不大于24″，否则应重测。

3. 导线的边长测量。测量各导线边长时，一级以下采用全站仪一测回读数（照准目标一次，读数2～4次），一测回距离值互差不超过10 mm。为了减少对中误差对导线边长测量的影响，各边可往返测量，若精度超限应重测，数据记入“距离测量记录手簿”中。

各级导线测量应满足表2-2的技术要求［摘自《工程测量标准》（GB 50026—2020）］。

表2-2　导线测量的技术要求

等级	导线长度/km	平均边长/km	测角中误差/（″）	测回数		方位角闭合差/（″）	相对闭合差
				DJ_2	DJ_6		
一级	4	0.5	5	2	4	$\pm 10\sqrt{n}$	≤1/15 000
二级	2.4	0.25	8	1	3	$\pm 16\sqrt{n}$	≤1/10 000
三级	1.2	0.1	12	1	2	$\pm 24\sqrt{n}$	≤1/5 000
图根	≤0.001 $\alpha \cdot M$	≤1.5测图最大视距	30（加密控制） 20（首级控制）	1	1	$\pm 60\sqrt{n}$（加密控制） $\pm 40\sqrt{n}$（首级控制）	≤1/（2 000×α）

注：M为测图比例尺的分母；n为测站数；α为比例系数，取值宜为1，当采用1∶500、1∶1 000比例尺测图时，α值可在1～2之间选用。

四、注意事项

1. 导线点位应选在稳固可靠、视野开阔的地方；相邻点间应通视良好；导线边长应大致相等，导线点的分布应均匀，以便控制整个测区。

2. 记录者在听到观测者的读数后，应回报，经观测者确认后，才能将数据记录到表中。

3. 每个测站观测完毕后，立即计算检核，如不符合要求应立即重测，合格后才能迁站。

4. 导线外业观测完毕后，应立即进行内业计算，当外业数据超限时应查找原因，并重测。

5. 数据记录要工整、清晰、整洁，不得转抄与涂改数据。数据作废应注明原因。

6. 测量工作在野外进行，要不畏严寒酷暑。实验过程中要严格按照操作规程进行。

7. 仪器设备较为贵重，要注意设备使用安全，室外实训环境复杂，要注意人身安全。

8. 本实训项目需要小组合作完成，实训过程中要友爱互助，体现团队精神。

五、思考与练习

1. 导线点选择时主要有哪些要求？

2. 闭合导线与附合导线的角度闭合差分别怎样计算？

六、实训报告

水平角观测记录表

日期：　　　　　　　　仪器型号：　　　　　　　　天气：

班级：　　　　　　　　小　组：　　　　　　　　　姓名：

<table>
<tr><th>测站</th><th>竖盘
位置</th><th>目标</th><th>水平度盘读数/
(°　′　″)</th><th>半测回角值/
(°　′　″)</th><th>一测回平均角值/
(°　′　″)</th><th>备注</th></tr>
<tr><td rowspan="4"></td><td rowspan="2"></td><td></td><td></td><td rowspan="2"></td><td rowspan="4"></td><td rowspan="4"></td></tr>
<tr><td></td><td></td></tr>
<tr><td rowspan="2"></td><td></td><td></td><td rowspan="2"></td></tr>
<tr><td></td><td></td></tr>
<tr><td rowspan="4"></td><td rowspan="2"></td><td></td><td></td><td rowspan="2"></td><td rowspan="4"></td><td rowspan="4"></td></tr>
<tr><td></td><td></td></tr>
<tr><td rowspan="2"></td><td></td><td></td><td rowspan="2"></td></tr>
<tr><td></td><td></td></tr>
<tr><td rowspan="4"></td><td rowspan="2"></td><td></td><td></td><td rowspan="2"></td><td rowspan="4"></td><td rowspan="4"></td></tr>
<tr><td></td><td></td></tr>
<tr><td rowspan="2"></td><td></td><td></td><td rowspan="2"></td></tr>
<tr><td></td><td></td></tr>
<tr><td rowspan="4"></td><td rowspan="2"></td><td></td><td></td><td rowspan="2"></td><td rowspan="4"></td><td rowspan="4"></td></tr>
<tr><td></td><td></td></tr>
<tr><td rowspan="2"></td><td></td><td></td><td rowspan="2"></td></tr>
<tr><td></td><td></td></tr>
<tr><td rowspan="4"></td><td rowspan="2"></td><td></td><td></td><td rowspan="2"></td><td rowspan="4"></td><td rowspan="4"></td></tr>
<tr><td></td><td></td></tr>
<tr><td rowspan="2"></td><td></td><td></td><td rowspan="2"></td></tr>
<tr><td></td><td></td></tr>
</table>

距离测量记录表

边名	往测	返测	精度	平均值	备注

七、实训评价

评价项目	评价标准	分值	评分	
			小组自评	教师评价
实训纪律	遵守纪律，按时出勤，爱护仪器工具，无仪器损坏现象，无违纪情况，文明作业	20		
操作过程	操作熟练、规范，方法、步骤正确	30		
记录计算	记录规范，计算正确，检核内容齐全	20		
测量成果	精度符合要求	20		
团队合作	服从组长安排，积极配合组员工作	10		
总分		100		

三角高程测量

实训项目 14
三角高程测量

【任务导航】三角高程测量是高程测量的一种方式，常用于水准测量实施比较困难的地区，如地面起伏较大的山区或丘陵地区。三角高程测量是利用经纬仪或全站仪测出两点间的水平距离和竖直角，然后利用公式计算出两点间的高差，推算观测点的高程。全站仪进行三角高程测量可达到三等及以下水准测量精度要求。当两点间的距离大于 300 m 时需要考虑地球曲率与大气折光的影响。观测时采用直、反觇的观测方法，可消除地球曲率与大气折光对高差的影响。通过本次实训理解三角高程测量的原理，掌握其外业观测步骤和计算方法。

一、实训目标

1. 理解三角高程测量的原理。
2. 掌握三角高程测量外业观测步骤、相关计算和技术要求。
3. 培养学生吃苦耐劳的品质、团队协作的合作精神和规则意识。

二、实训要求

1. 学时要求：2 学时。
2. 设备要求：借领全站仪 1 套，带基座的棱镜 1 套，小卷尺 1 个，记录板 1 个，自备铅笔 2 支。
3. 场地要求：通视良好的宽阔场地。
4. 成员要求：4 ~ 5 人一个小组。

三、实训内容与步骤

1. 在测区选定 3 ~5 个控制点形成一条闭合的环线，对选好的控制点按顺序进行编号并绘制三角高程路线示意图，如图 2-15 所示。

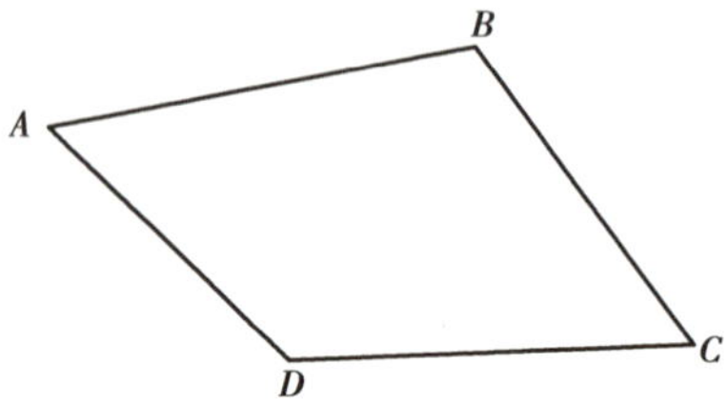

图 2-15　三角高程路线示意图

2. 把全站仪安置在 A 点，进行严格对中、整平，在 B 点安置棱镜，量取仪器高 i 和棱镜高 v，并记入"三角高程路线观测记录表"中。

3. 用盘左位置瞄准 B 点的棱镜中心，观测平距 D 和竖直角 α，记入"三角高程路线观测记录表"。计算出球气差 f 和 A、B 两点的高差 $h = D\tan\alpha + i - v + f$，此为直觇。

4. 观测完毕，将全站仪搬到 B 点，棱镜放在 A 点上，同上述观测步骤进行观测、记录和计算，此为反觇。

5. 计算出 A、B 两点间直、反觇高差的较差 Δh，并判断其较差是否超限，超限重测，不超限则取往、返测平均值作为该测段高差。

6. 沿线路方向依次完成各测段对向观测，直至闭合。

7. 计算高差闭合差是否超限，若超限则重测。合格即可在"三角高程成果计算表"中进行成果计算。

四、注意事项

1. 尽量提高视线离地面高度，这样可有效削弱地面折光的影响，提高测量精度。
2. 仪器高和觇标高量取至毫米。
3. 观测时应进行仪器参数和棱镜常数的设置。
4. 注意设备使用安全和人身安全，实训过程中要友爱互助，体现集体意识和团队精神。

五、思考与练习

1. 三角高程测量的观测数据有哪些？
2. 三角高程测量中，误差的来源有哪些？
3. 三角高程测量进行对向观测的目的是什么？

六、实训报告

三角高程路线观测记录表

日期：　　　　　　　　仪器型号：　　　　　　　　天气：

班级：　　　　　　　　小　组：　　　　　　　　姓名：

测站点								
觇点								
觇法	直	反	直	反	直	反	直	反
α								
D/m								
i/m								
$-v$/m								
f/m								
h/m								
Δh								
$h_{中}$/m								

三角高程测量成果计算表

点名	距离/m	实测高差/m	高差改正数/m	改正后高差 /m	高程/m	备注
$\sum$						
辅助计算						

七、实训评价

<table>
<tr><th rowspan="2">评价项目</th><th rowspan="2">评价标准</th><th rowspan="2">分值</th><th colspan="2">评分</th></tr>
<tr><th>小组自评</th><th>教师评价</th></tr>
<tr><td>实训纪律</td><td>遵守纪律,按时出勤,爱护仪器工具,无仪器损坏现象,无违纪情况,文明作业</td><td>20</td><td></td><td></td></tr>
<tr><td>操作过程</td><td>操作熟练、规范,方法、步骤正确</td><td>30</td><td></td><td></td></tr>
<tr><td>记录计算</td><td>记录规范,计算正确,检核内容齐全</td><td>20</td><td></td><td></td></tr>
<tr><td>测量成果</td><td>精度符合要求</td><td>20</td><td></td><td></td></tr>
<tr><td>团队合作</td><td>服从组长安排,积极配合组员工作</td><td>10</td><td></td><td></td></tr>
<tr><td>总分</td><td></td><td>100</td><td></td><td></td></tr>
</table>

实训项目 15
全站仪坐标测量

【任务导航】在全站仪“数据采集”程序中，建站、定向和坐标测量并储存数据是全站仪数字化测图的主要内容。本次实训通过练习全站仪的建站、定向和坐标测量，学习数据采集的方法与步骤。若实训场地没有足够的已知点，可通过假设方位角的方式临时测定假定坐标。

一、实训目标

1. 进一步熟悉全站仪的构造，掌握全站仪的基本使用。
2. 熟悉全站仪的建站工作。
3. 掌握全站仪坐标测量的方法。
4. 培养学生吃苦耐劳的品质、团队协作的合作精神，培养规则意识。

二、实训要求

1. 学时要求：2 学时。
2. 设备要求：借领全站仪 1 套，单杆棱镜 1 个，记录板 1 个，铅笔 2 支。
3. 场地要求：通视良好的宽阔场地。
4. 成员要求：4 ~5 人一个小组。

三、实训内容与步骤

(一) 场地布设

布设三个点(等边三角形为宜)，三个点分别命名为 A、B、C，如图 2-16 所示。

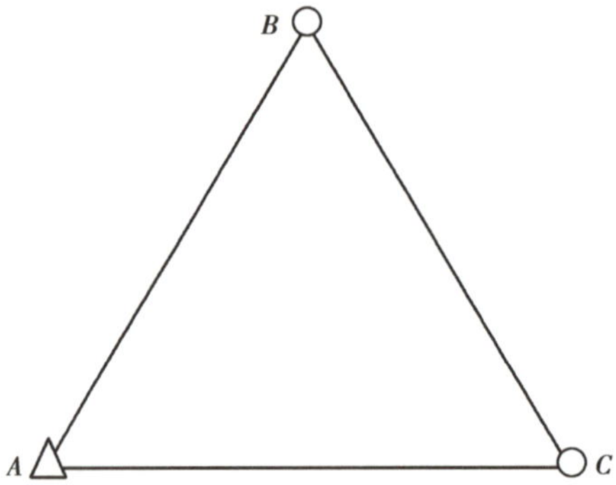

图 2-16　场地布设

(二)数据准备

假定 A 点的 X、Y 坐标为(500.000,500.000),假定 AB 方位角为 30°40′50″。

(三)步骤

1. 以 A 点为测站点,以 B 点为后视点,使用全站仪的"角度定向"功能完成建站工作,并检核定向精度。

2. 完成建站后,使用全站仪的"数据采集"功能测量出 B 点和 C 点的坐标,保存在全站仪内存中并记入"坐标测量记录表"中。

3. 把仪器搬迁至 B 点,以 B 点作为测站点,以 C 点作为后视点,并使用全站仪的"坐标定向"功能,完成建站工作,并检核定向精度。

4. 完成建站后,测量出 A 点坐标,并检验测量精度,要求误差在 ±2 cm 以内。

四、注意事项

1. 全站仪对中和整平应符合作业要求。

2. 测量时,棱镜竖直并保持相对稳定。

3. 注意保存测量数据。

4. 测量工作在野外进行,要不畏风吹日晒、不惧严寒酷暑。实验要严格按照操作规程进行。

5. 仪器设备较为贵重,要注意设备使用安全,室外实训环境复杂,要注意人身和仪器安全。

6. 本实训项目需要小组合作完成,实训过程中要友爱互助,体现集体意识和团队精神。

五、思考与练习

1. 本次观测精度若超限,试分析原因是什么?应采取什么措施解决?

2. 已知 $\alpha_{AB}=30°40'50''$,A 点坐标(500.000,500.000),假设 $D_{AB}=85.672$ m,试计算 B 点坐标。

六、实训报告

坐标测量记录表

日期：　　　　　　　　仪器型号：　　　　　　　　天气：
温度：　　　　　　　　气　压：　　　　　　　　棱镜常数：
班级：　　　　　　　　小　组：　　　　　　　　姓名：

<table>
<tr><td colspan="2">已知数据</td><td>X/m</td><td>Y/m</td><td>H/m</td></tr>
<tr><td colspan="2">测站点</td><td></td><td></td><td></td></tr>
<tr><td colspan="2">后视点</td><td></td><td></td><td></td></tr>
<tr><td colspan="2">后视方位角</td><td colspan="3"></td></tr>
<tr><td colspan="5">观测数据记录</td></tr>
<tr><td>点号</td><td>X/m</td><td>Y/m</td><td>H/m</td><td>备注</td></tr>
<tr><td></td><td></td><td></td><td></td><td></td></tr>
<tr><td></td><td></td><td></td><td></td><td></td></tr>
<tr><td></td><td></td><td></td><td></td><td></td></tr>
<tr><td></td><td></td><td></td><td></td><td></td></tr>
</table>

<table>
<tr><td colspan="2">已知数据</td><td>X/m</td><td>Y/m</td><td>H/m</td></tr>
<tr><td colspan="2">测站点</td><td></td><td></td><td></td></tr>
<tr><td colspan="2">后视点</td><td></td><td></td><td></td></tr>
<tr><td colspan="2">后视方位角</td><td colspan="3"></td></tr>
<tr><td colspan="5">观测数据记录</td></tr>
<tr><td>点号</td><td>X/m</td><td>Y/m</td><td>H/m</td><td>备注</td></tr>
<tr><td></td><td></td><td></td><td></td><td></td></tr>
<tr><td></td><td></td><td></td><td></td><td></td></tr>
<tr><td></td><td></td><td></td><td></td><td></td></tr>
<tr><td></td><td></td><td></td><td></td><td></td></tr>
</table>

七、实训评价

评价项目	评价标准	分值	评分	
			小组自评	教师评价
实训纪律	遵守纪律,按时出勤,爱护仪器工具,无仪器损坏现象,无违纪情况,文明作业	20		
操作过程	操作熟练、规范,方法、步骤正确	30		
记录计算	记录规范,计算正确,检核内容齐全	20		
测量成果	精度符合要求	20		
团队合作	服从组长安排,积极配合组员工作	10		
总分		100		

GNSS－RTK 的认识与使用

实训项目 16

GNSS-RTK 的认识与使用

【任务导航】GNSS-RTK（RTK——real-time kinematic，实时动态）载波相位差分技术，是实时处理两个测量站点载波相位观测量的差分方法，将基准站采集的载波相位发给用户接收机，进行求差，从而解算坐标。这是目前常用的卫星定位测量方法，RTK 测量技术能够实时得到厘米级的定位精度，它的出现为工程放样、地形测图以及各种控制测量带来了新的测量原理和方法，极大地提高了作业效率。通过本次实训了解 GNSS-RTK 的工作原理与 GNSS-RTK 的连接和使用方法。

一、实训目标

1. 了解 GNSS-RTK 的工作原理。
2. 掌握 GNSS-RTK 的连接和使用方法。
3. 熟悉 RTK 相关的专业名词和概念。
4. 培养学生创新意识、集体意识和勇于探索真理的优秀品质。

二、实训要求

1. 学时要求：2 学时。
2. 设备要求：借领 GNSS-RTK 接收机 1 + n 套（n 为小组数量）。
3. 场地要求：室外开阔地带。
4. 人员要求：4 ~ 5 人一个小组。

三、实训内容与步骤

(一)GNSS-RTK 认识

GNSS-RTK 整个测量系统由基准站和移动站两个部分组成,采用动态相对定位模式。该系统在移动站与基准站之间通过数据链进行连接,这里的数据链可以是电台或者网络,在图 2-17 所示的移动站和基准站均采用电台模式收发信号。GNSS-RTK 定位由于其操作简便、无误差积累、定位速度快等特点,被广泛应用于地形图测绘、工程放样等领域。但需要注意的是,GNSS-RTK 的定位精度为 1 ~2 cm,因此不能用于精密工程测量。

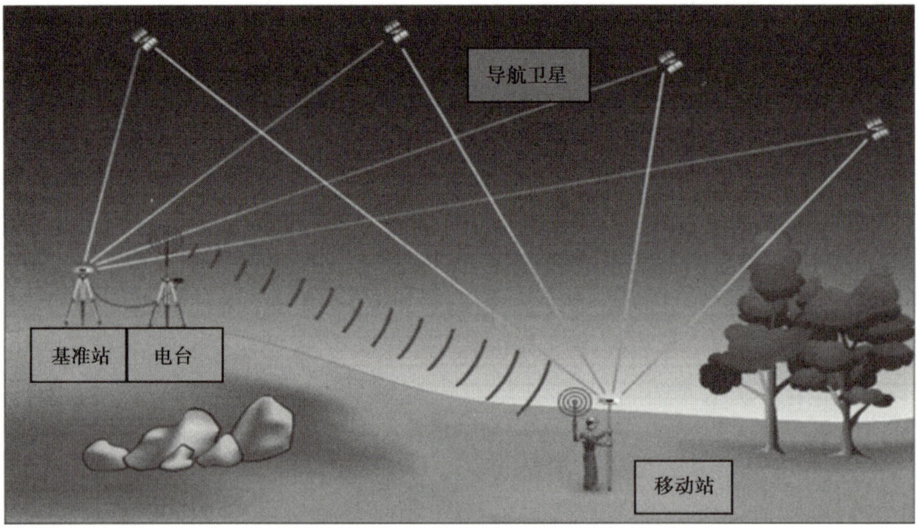

图 2-17　GNSS-RTK 定位示意图

(二)GNSS-RTK 基准站设置

1. 基准站构成:基准站接收机、脚架、外置电台和电台天线。
2. 基准站设置:
(1)仪器连接及手簿连接;
(2)仪器工作模式设置(基准站模式);
(3)电台模式设置(包括外置电台模式和内置电台模式);
(4)基准站参数设置(差分格式、频道、波特率及);
(5)查看基准差分数据是否成功发送。

(三)GNSS-RTK 移动站设置

1. 仪器连接及手簿连接。
2. 仪器工作模式设置(移动站模式)。
3. 电台模式设置(内置电台模式)。

4. 差分格式、频道、波特率等设置为基准站一样。

5. 移动站接收差分信号得到固定解。

四、注意事项

1. 基准站通常设置在地势开阔的未知点上，因此无须对中，大致整平即可。

2. 在使用内置电台时需要接上棒状天线用以收发差分信号。

3. 差分格式有多种，不同格式对应不同的特性，在使用中应注意。

4. 外置电台的波特率有的仪器只能设置为一固定频率，需特别注意。

5. RTK 能正常工作，差分信号必然传输通畅，RTK 不能正常工作时首先分析差分信号是否发送和接收。

五、思考与练习

1. 差分格式包括哪些？哪个格式表示三星格式？

2. 使用 RTK 时通道和频道有什么区别？它们分别用在哪里？

3. RTK 移动站解的类型有哪些？它们分别表示什么状态？

六、实训报告

RTK 认识记录表

日期：　　　　仪器型号：　　　　天气：

班级：　　　　小　组：　　　　姓名：

工作模式	基站通道	基站频道或端口	波特率	差分格式	移动站通道

注：工作模式填内置电台、外挂电台或网络 RTK，当采用网络 RTK 时通道填写 IP 地址。

七、实训评价

评价项目	评价标准	分值	评分	
			小组自评	教师评价
实训纪律	遵守纪律,按时出勤,爱护仪器工具,无仪器损坏现象,无违纪情况,文明作业	20		
操作过程	操作熟练、规范,方法、步骤正确	30		
记录计算	记录规范,计算正确,检核内容齐全	20		
测量成果	精度符合要求	20		
团队合作	服从组长安排,积极配合组员工作	10		
总分		100		

GNSS－RTK 点放样

实训项目 17

GNSS-RTK 点放样

【任务导航】RTK 测量时，在基准站和移动站上所安置的 GNSS 接收机进行同步观测，基准站在接收卫星信号的同时向移动站发送实时差分改正数据，移动站在接收卫星信号的同时接收基准站所传输的实时差分改正数据，根据相对定位的原理，实时计算出移动站的三维坐标。GNSS-RTK 进行点放样时，测量人员根据移动站的三维坐标调整点位位置，直到与设计坐标一致。本次实训主要内容为创建项目、参数计算、导入放样点的坐标数据以及根据软件提示找到放样点位置。

一、实训目标

1. 了解 GNSS-RTK 点放样及参数计算原理。
2. 掌握 GNSS-RTK 参数计算及点放样的操作方法。
3. 熟悉放样的操作步骤和内业数据处理。
4. 培养学生勇于探索、吃苦耐劳、团队合作等优秀品质。

二、实训要求

1. 学时要求：2 学时。
2. 设备要求：借领 GNSS-RTK 接收机 $1+n$ 套（n 为小组数量）。
3. 场地要求：室外开阔地带，包括控制点若干。
4. 人员要求：4 ~ 5 人一个小组。

三、实训内容与步骤

（一）创建项目

1. 新建项目，输入项目名称。
2. 设置项目投影参数。
3. 设置项目的中央子午线。

（二）参数计算

1. 收集控制点坐标，并将其输入手簿中。
2. 设置好基准站和移动站后，将控制点以 RTK 控制测量的方式测量两个以上控制点。
3. 在手簿软件中打开参数计算或点校正功能，将已知控制点和测量控制点坐标对应输入或调用。
4. 计算参数并检查是否超限，比例尺应为 0.9999 ~ 1.0000。

（三）点放样

1. 将需要放样的点保存为手簿能识别的文件格式，并传输到手簿中。
2. 打开手簿测量软件并导入放样点的坐标数据。
3. 设置导入数据的格式，以便准确识别。
4. 选择需要放样的点编号。
5. 根据软件提示找到放样点位置。

四、注意事项

1. 放样前需要设置移动站并让其正常工作（通常能获取固定解）。
2. 放样数据格式可以多种，常用 CASS 的 DAT 数据，注意其格式为点名、代码、东坐标、北坐标、高程。
3. 点校正时源坐标为测量坐标，当地坐标为已知坐标。
4. 对高程无要求或已知坐标不包括高程时，不勾选高程拟合。
5. 寻找放样点时通常以南北方向作为提示，也可以设置为与基准站的关系作提示。
6. 放样时需注意移动站解的状态。
7. 放样过程中基准站不得发生移动，否则需要重新点校正。

五、思考与练习

1. 解释点校正或参数计算的工作原理。
2. 中央子午线如何设置？
3. 点校正时将东坐标和北坐标位置交换会有什么结果？
4. 基准站发生移动后，为什么不能继续放样，而需要重新点校正后才能继续工作？

六、实训报告

点校正记录表

日期：　　　　　　　　　　仪器型号：　　　　　　　　天气：

班级：　　　　　　　　　　小　组：　　　　　　　　　姓名：

点名	X 坐标	Y 坐标	高程	经度	纬度	水平精度	垂直精度

点放样记录表

日期：　　　　　　　　　　仪器型号：　　　　　　　　天气：

班级：　　　　　　　　　　小　组：　　　　　　　　　姓名：

点名	放样数据			检核坐标			是否超限
	X 坐标	Y 坐标	高程	X 坐标	Y 坐标	高程	

七、实训评价

评价项目	评价标准	分值	评分	
			小组自评	教师评价
实训纪律	遵守纪律,按时出勤,爱护仪器工具,无仪器损坏现象,无违纪情况,文明作业	20		
操作过程	操作熟练、规范,方法、步骤正确	30		
记录计算	记录规范,计算正确,检核内容齐全	20		
测量成果	精度符合要求	20		
团队合作	服从组长安排,积极配合组员工作	10		
总分		100		

高程测设

实训项目 18
高程测设

【任务导航】在工程建设施工中,场地抄平、坡度设置、高程传递、放样设计高程点等都是高程测设的具体应用。水准测量是高程测设最精密的方法。本实训项目利用水准测量的方法练习高程测设的操作步骤。

一、实训目标

1. 掌握高程测设元素的计算。
2. 掌握使用水准仪测设高程的方法。
3. 培养学生吃苦耐劳的品质、团队协作的合作精神,培养规则意识。

二、实训要求

1. 学时要求:2 学时。
2. 设备要求:借领自动安平水准仪 1 套,水准尺 2 把,记录板 1 个,自备铅笔 2 支,计算器 1 个。
3. 场地要求:通视良好的宽阔场地。
4. 成员要求:4 ~5 人一个小组。

三、内容与步骤

1. 由指导教师现场指定已知水准点 A,假设 A 点高程为 490.600 m,在墙上指定位置按表 2-3 的设计高程值测设高程点(每名组员至少测设一个)。

2. 将水准仪安置在已知点 A 与待测设点之间,读取后视读数 a,计算出视线高 $H_i = H_A + a$,根据各设计高程值,计算出各水准尺上的应该读数,即 $b_{应} = H_i - H_{设}$。

3. 将待测设点处水准尺沿测设面上下移动至读数为 $b_{应}$ 时,在水准尺零端处画一横线,此为设计高程点的位置。测设数据记录在“高程测设记录表”中。

4. 测设完成后,重新安置仪器,测量测设点的高程,记入“高程检查记录表”中,检核测设精度是否满足要求,若超限,应重新测设。本次实训要求观测值与设计值较差不超过 ±5 mm。

表 2-3　设计高程值

点号	设计高程值/m	点号	设计高程值/m
B_1	491.000	B_4	491.360
B_2	491.120	B_5	491.480
B_3	491.240	B_6	491.600

四、注意事项

1. 水准尺必须扶直,不得左右、前后倾斜。立尺时注意检查水准尺是否零端向下。
2. 读数之前,应消除视差。
3. 保护好仪器、设备,严禁坐、压仪器箱。
4. 测量工作在野外进行,要不畏严寒酷暑。实验过程中要严格按照操作规程进行。
5. 本实训项目需要小组合作完成,实训过程中要友爱互助,体现集体意识和团队精神。

五、思考与练习

1. 设计高程低于已知水准点高程时,应如何测设?
2. 设计高程与已知水准点高程高差超过水准尺的长度时,应如何测设?

六、实训报告

测设高程记录表

日期：　　　　　　　　　　仪器型号：　　　　　　　　　　天气：

班级：　　　　　　　　　　小　组：　　　　　　　　　　　姓名：

已知点		后视读数/m	视线高/m	待测设点		前视应读数/m	备注
点号	高程/m			点号	高程/m		

测设高程检查记录表

已知点		后视读数/m	检测点		实测高程/m	设计高程/m	实测与设计高程较差/mm
点号	高程/m		点号	前视读数/m			

七、实训评价

评价项目	评价标准	分值	评分	
			小组自评	教师评价
实训纪律	遵守纪律，按时出勤，爱护仪器工具，无仪器损坏现象，无违纪情况，文明作业	20		
操作过程	操作熟练、规范，方法、步骤正确	30		
记录计算	记录规范，计算正确，检核内容齐全	20		
测量成果	精度符合要求	20		
团队合作	服从组长安排，积极配合组员工作	10		
总分		100		

点位测设

实训项目 19
点位测设（全站仪坐标法）

【任务导航】工程建设施工阶段，需要将设计的建筑物平面位置和高程测设到实地上以指导施工。根据仪器配备情况和精度要求不同，点位测设可以采用经纬仪、全站仪或 GNSS-RTK 进行。全站仪具有点放样功能，只需输入已知数据和放样点的坐标，就会自动计算出放样所需的角度和距离值，然后通过相应的操作向导引导操作者快速完成放样工作。全站仪坐标法点位测设是目前常用的测设方法之一。通过本次实训要求学会利用全站仪坐标放样功能同队友配合放样出一系列坐标已知的点位。

一、实训目标

1. 进一步熟悉全站仪的建站工作。
2. 掌握全站仪点位测设的基本原理和操作步骤。
3. 培养严谨认真、精益求精的工作作风。

二、实训要求

1. 学时要求：2 学时。
2. 仪器要求：借领全站仪 1 套，棱镜杆 1 个，带基座棱镜 1 套，2m 卷尺 1 把，自备铅笔 2 支。
3. 场地要求：通视良好、平坦宽阔场地。
4. 人员要求：4 ~ 5 人一个小组。

三、实训内容与步骤

(一)场地布设

若场地无控制点坐标,本次实训可采用任意坐标系进行。

1. 如图 2-18 所示,在实训场地的合适位置标定 A、B 两点,两点间距 10 ~ 30 m。

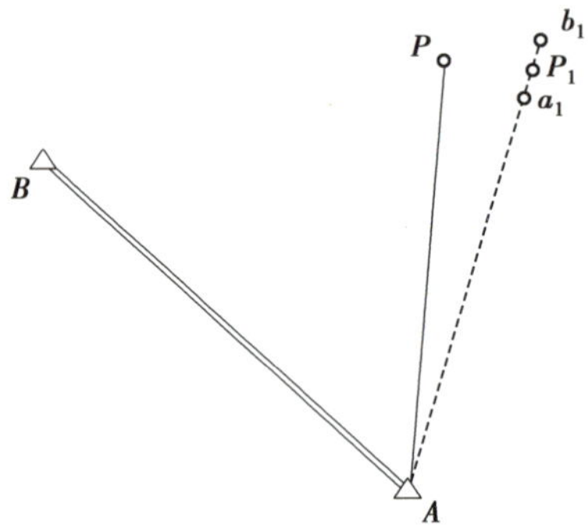

图 2-18 任意坐标测量

2. 进入全站仪的"数据采集"主功能,以 A 点为测站点,假设 A 点坐标为(500. 000,500. 000);采用全站仪的"数据采集"功能或"坐标测量"功能,以任意方向定向,直接测出 B 点的坐标,记录下来。

3. 以 B 点作为后视点,采用"坐标定向",完成建站工作;距 A 点 10 ~ 30 m 处,标定任意点 P 点,测量出 P 点的坐标(X_P,Y_P)。以 P 点作为指导老师设计放样点的参考点。

(二)实训内容

指导教师根据 P 点的坐标(X_P,Y_P),设计出 P_1,P_2,P_3 等 P_i 点的坐标,例如 $P_1(X_P-1.500, Y_P-1.500)$,$P_2(X_P+1.500, Y_P-1.500)$,$P_3(X_P+1.500, Y_P+1.500)$,$P_4(X_P-1.500, Y_P+1.500)$,$P_5(X_P-1.500, Y_P)$,$P_6(X_P+1.500, Y_P)$……每位同学至少完成一个点的坐标测设。

(三)放样步骤

1. 进入"放样"功能,以 A、B 两点重新完成建站工作和后视定向工作,并输入或调用待放样点 P_i 的坐标数据。

2. 放样时,根据仪器的提示,先定出 AP_i 方向(转动照准部及水平微动,使角度差 dHR 为 0),再放样 AP_i 距离。AP_i 距离放样时,采用单杆棱镜大致找到 P_i 点位置,距离较差 dHD 在 0. 5 m 范围内时即可在地面上标定点,如 a_i,重复此步骤再标出一点 b_i;P_i 即在 a_i 与 b_i 的连线上。

3. 将单杆棱镜换为带基座棱镜,并在某点(如 a_i)上对中整平棱镜,经过测量可以显示出 a_i 点距 A 点的距离较差 dHD,以地面上已经标定的 2 个点为基线,用钢尺改正出 dHD,即得

到 P_i 点位置。

测设完成后，根据已知点重新测量放样点坐标，检查放样精度，若超限，应重新测设。本次实训要求点位误差不超过 10 mm。实际工作中，点位测设精度要求与项目内容有关，应根据测量规范与技术要求具体确定。

四、注意事项

1. 在实际工作中，必须使用施工现场给定控制点的真实坐标进行建站工作。

2. 实施过程中严格按操作规程进行。对待数据要严肃认真，耐心仔细，确保成果质量。

3. 观测结果要严格按照测量规范与技术要求进行检核，一旦超限，立即重测。实际工作中，点位测设精度要求与项目内容有关。

4. 本实训项目需要小组合作完成，实训过程中要友爱互助，体现集体意识和团队精神。

五、思考与练习

1. 全站仪坐标放样过程中若没有输入仪器高和棱镜高是否影响放样点的位置？

2. 测设时，dHR 与 dHD 显示为“＋”或“－”时分别代表什么意思？应该怎样移动棱镜？

3. 如何检核放样的点位是否正确？

六、实训报告

点位测设数据记录表

日期：　　　　　　　　　　　　仪器型号：　　　　　　　　　　　　天气：

班级：　　　　　　　　　　　　小　组：　　　　　　　　　　　　　姓名：

点号	坐标名称	设计坐标/m	检核(实测)坐标/m	较差/mm	点位误差/mm
	X				
	Y				
	X				
	Y				
	X				
	Y				
	X				
	Y				
	X				
	Y				
	X				
	Y				
	X				
	Y				
	X				
	Y				

七、实训评价

评价项目	评价标准	分值	评分	
			小组自评	教师评价
实训纪律	遵守纪律,按时出勤,爱护仪器工具,无仪器损坏现象,无违纪情况,文明作业	20		
操作过程	操作熟练、规范,方法、步骤正确	30		
记录计算	记录规范,计算正确,检核内容齐全	20		
测量成果	精度符合要求	20		
团队合作	服从组长安排,积极配合组员工作	10		
总分		100		

实训项目 20
圆曲线测设

【任务导航】道路中线由直线与曲线组成，其曲线部分测设方法很多，不同条件下采用不同的方法。若采用全站仪坐标法或 RTK 点测设方法，需要提前求出曲线上的逐桩坐标。本实训采用全站仪坐标法放样曲线的逐桩坐标。实训时需要在现场提供足够的已知控制点。

一、实训目标

1. 掌握圆曲线的逐桩坐标计算。

2. 掌握全站仪坐标法测设道路中线的方法。

3. 培养学生吃苦耐劳的品质、团队协作的合作精神，培养规则意识和精益求精的工匠精神。

二、实训要求

1. 学时要求：2 学时。

2. 设备要求：借领全站仪 1 套，基座棱镜 1 个，单杆棱镜 1 个，记录板 1 个，木桩若干、铁锤 1 把、自备计算器一个，铅笔 2 支。

3. 场地要求：通视良好的宽阔场地。场地为软土，以便打桩。现场布设好足够的控制点。

4. 成员要求：4 ~ 5 人一个小组。

三、实训内容与步骤

由指导老师在现场指定控制桩 D101 与 D102，假设其坐标值为 D101(60105，42800)，D102(60105，42820)。交点坐标及桩号、线路转角、圆曲线半径见表 2-4。如图 2-19 所示为模拟线路及控制桩平面布置图。每组完成 JD2 处一个完整的圆曲线测设，按每 10 m 一桩点设置。人员分工：两人立棱镜，一人标点，一人观测。放样完 1 ~2 点后轮换工作。

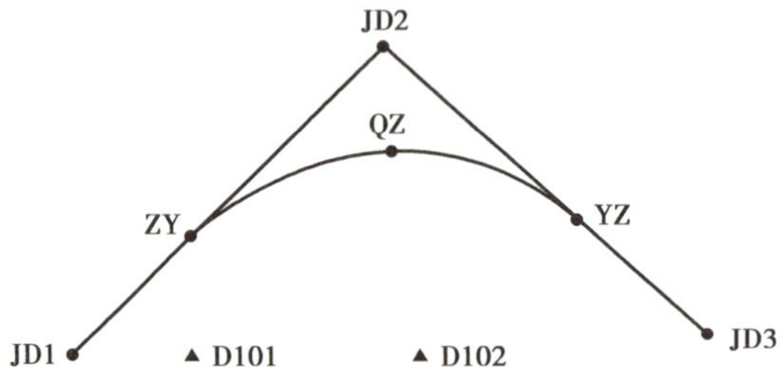

图 2-19　模拟线路及控制桩平面布置图

(一)计算逐桩坐标

根据表 2-4 中的已知数据，完成曲线要素、主点里程及直线段方位角计算，并按每 10 m 一桩点确定圆曲线上应测设点的桩号及逐桩坐标，填入“圆曲线逐桩坐标计算表”中。计算工作必须在实训开始前完成。

表 2-4　线路直线、曲线转角表

交点序号	交点桩号	交点坐标		偏角	曲线要素			ZY 点里程	QZ 点里程	YZ 点里程	方位角
					R	*T*	*L*				
1	K0 +000	60 105.811	42 800.572	—	—	—	—	—	—	—	
2	K0 +091.924	60 170.811	42 865.572	30°	200						
3	K0 +211.924	60 201.869	42 981.483	—	—	—	—	—	—	—	

(二)测设线路中线

将仪器安置在 D101 控制桩，以 D102 控制桩为后视点，根据计算出的各中桩点坐标，利用全站仪坐标放样功能按圆曲线逐桩坐标测设线路中线并钉桩。在“曲线放样记录表”中记录曲线详细测设过程。

(三)检核

置镜在已测设线路中线上后视线路控制桩检查已测设中线点；全站仪测设线路中线精度要求：点位误差≤5 cm。

四、注意事项

1. 在输入坐标时要认真仔细，严禁出错。
2. 放样过程中注意：角度差 dHR 调为 0，距离差 dHD 测设为 0。
3. 测量工作在野外进行，要不畏严寒酷暑。实验过程中要严格按照操作规程进行。
4. 仪器设备较为贵重，要注意设备使用安全，室外实训环境复杂，要注意人身安全。
5. 本实训项目需要小组合作完成，实训过程中要友爱互助，体现集体意识和团队精神。

五、思考与练习

1. 极坐标法测设圆曲线需要哪些已知数据？
2. 什么是偏角？何为左偏？何为右偏？

六、实训报告

圆曲线逐桩坐标计算表

日期：　　　　　　　　仪器型号：　　　　　　　　天气：

班级：　　　　　　　　小　组：　　　　　　　　姓名：

桩号	平面坐标	
	X 坐标	Y 坐标

曲线放样记录表（桩号简图、测设过程）

测量成果检核：

检核内容	小组自检		指导教师检查	
	合格点数	不合格点数	合格点数	不合格点数
中线桩检核				

注：每组抽查 5 个点。

七、实训评价

评价项目	评价标准	分值	评分	
			小组自评	教师评价
实训纪律	遵守纪律，按时出勤，爱护仪器工具，无仪器损坏现象，无违纪情况，文明作业	20		
操作过程	操作熟练、规范，方法、步骤正确	30		
记录计算	记录规范，计算正确，检核内容齐全	20		
测量成果	精度符合要求	20		
团队合作	服从组长安排，积极配合组员工作	10		
总分		100		

实训项目 21
道路纵横断面测量

【任务导航】道路纵断面测量又称中平测量，是指沿道路中线方向测量中桩高程，作为道路纵向坡度设计的依据；道路横断面测量是指测量中线上各里程桩处垂直于中线方向的地面高程，并绘制横断面图，用以表示垂直于路线中线方向（横向）的地形起伏状态，供路基设计、土石方计算及边桩测设之用。本实训项目通过完成某设计曲线上的纵横断面测量达到熟悉断面测量内容的目的。

一、实训目标

1. 能够熟练利用水准仪进行中平测量及横断面测量。

2. 培养学生吃苦耐劳的品质、团队协作的合作精神，培养规则意识和精益求精的职业精神。

二、实训要求

1. 学时要求：2 学时。

2. 设备要求：借领自动安平水准仪 1 套，水准尺 1 对，全站仪 1 套，标杆 1 根，皮尺 1 个，记录板 1 个，自备铅笔 1 支。

3. 场地要求：在实训项目 20 的基础上进行。

4. 成员要求：4 ~5 人一个小组。

三、方法与步骤

1. 在实训项目 20 的基础上完成 JD1 至 JD3 间道路中线的纵、横断面测量（见图 2-19）。设控制桩 D101 的高程为 500.234 m，在 D101 与 D102 之间设站往返测量高差（按需设转点),求得 D102 高程,作为已知高程控制点。可根据需要在 JD3 附近增设高程点。

2. 每小组在 D101 与 D102 之间进行中平测量,完成圆曲线段各中桩点高程的测量工作,成果填入“中平测量记录表”中。

人员分工:两人立尺,一人记录,一人观测。测量完 1 ~2 点后轮换工作。

纵断面测量技术要求:中桩高程宜观测两次,两次测量成果的差值不应大于 0.01 m。

3. 完成 ZY、QZ、YZ 桩点的横断面测量任务。利用全站仪或球心方向架可确定各点横断面方向(即圆曲线上各点的半径方向),并在横断面方向上选定若干变坡点。以任意高程控制点为后视,利用水准仪皮尺法测得横断面上各变坡点高程及变坡点至中桩点距离;也可采用全站仪测量两点间的水平距离及各点高程。成果填入“横断面测量记录表”。

横断面测量技术要求:

$$\text{高差限差} \leqslant \pm (L/1000 + h/100 + 0.2)$$

$$\text{距离限差} \leqslant \pm (L/100 + 0.1)$$

式中 h——检测点至线路中桩的高差,m;

L——检测点至线路中桩的水平距离,m。

四、注意事项

1. 水准尺必须扶直,不得左右、前后倾斜。立尺时注意检查水准尺是否零端向下。

2. 读数之前,应消除视差。

3. 数据记录格式要规范,中平测量及横断面测量时高差以米为单位,取位至小数点后两位,必须注明正负号。

4. 数据记录要工整、清晰、整洁,不得转抄与涂改数据。

5. 测量工作在野外进行,要不畏严寒酷暑。实训过程中要严格按照操作规程进行。

6. 仪器设备较为贵重,要注意设备使用安全,室外实训环境复杂,要注意人身安全。

7. 本实训项目需要小组合作完成,实训过程中要友爱互助,体现集体意识和团队精神。

五、思考与练习

1. 怎样确定曲线段的横断面方向?

2. 道路断面测量的意义及作用是什么?

六、实训报告

中平测量记录表

日期：　　　　　　　　　　　仪器型号：　　　　　　　　　　　天气：

班级：　　　　　　　　　　　小　组：　　　　　　　　　　　姓名：

桩号	水准尺读数/m			视线高/m	高程/m	备注
	后视 a	中视 k	前视 b			
复核：						

横断面测量记录表

$\frac{\text{高程}}{\text{距离}}$(左侧)	$\frac{\text{中桩高程}}{\text{桩号}}$	$\frac{\text{高程}}{\text{距离}}$(右侧)

测量成果检核:

检核内容	小组自检		指导教师检查	
	合格	不合格	合格	不合格
横断面检核				
纵断面检核				

注:每组检验一个横断面,5 个中桩高程点。

七、实训评价

评价项目	评价标准	分值	评分	
			小组自评	教师评价
实训纪律	遵守纪律,按时出勤,爱护仪器工具,无仪器损坏现象,无违纪情况,文明作业	20		
操作过程	操作熟练、规范,方法、步骤正确	30		
记录计算	记录规范,计算正确,检核内容齐全	20		
测量成果	精度符合要求	20		
团队合作	服从组长安排,积极配合组员工作	10		
总分		100		

第三部分

施工测量方案实例

案例 1
高层建筑施工测量方案

一、工程概况

××项目位于××市，由 18 层塔楼、6 层裙楼组成，另含地下 3 层车库。总高度为 79 m。南北方向长 276 m，东西方向长 148 m，项目总占地面积为 36 482.58 m^2。建筑结构的设计使用年限为 50 年。

建设单位为 A 发展有限公司，监理单位为 B 监理工程有限公司，设计单位为 C 设计研究院，地勘单位为 D 地质工程勘察设计院，总承包施工单位为 E 建设有限公司。

二、编制依据及原则

1. 合同文件。
2. 经审核批准并加盖红章的施工设计图纸。
3.《国家三、四等水准测量规范》（GB/T 12898—2009）。
4.《工程测量标准》（GB 50026—2020）。
5.《××市基础测绘技术规程》。

三、测量准备

（一）技术准备

1. 坐标点的引入。业主在建筑红线外提供了 10 处坐标控制点和相应的高程点，坐标及高程见×××控制点 G1—G10 成果表。项目部入场后，首先与建设单位和监理单位一起对业主提供的 G1—G10 测量成果进行校核，并进行建筑红线及书面资料的交接，作为施工测量放线的依据。验证无误后以控制点 G3、G4、G5、G6 为基准点，施测出本工程所需控制点。

2. 了解设计意图,熟悉施工图纸。熟悉基础工程整体布局、工程特点、周围环境、现场地形、定位条件,组织测量人员对图纸进行详细的会审,对存在的问题上报有关主管部门,及时解决,并做好内业计算工作。

3. 收集施工坐标系统和测量坐标系统的换算数据,并准备测量资料和表格。

4. 测量人员需经过岗位培训,持有效的岗位证书上岗。对参加测量的人员进行初步的分工并进行测量技术交底,组织测量人员学习有关高层建筑的测量技术规范、验收标准,熟悉施工图纸,对分包专业单位进行全面的交底。

(二)测量仪器及工具准备

测量仪器及工具见表 3-1。

表 3-1　测量仪器及工具一览表

序号	仪器工具名称	数量	产地	型号	用　途
1	全站仪	1	××	××	轴线控制网、边、角测量
2	激光垂准仪	1	××	D2J3	轴线传递
3	精密水准仪	1	××	DSZ2	水准网沉降观测
4	水准仪	2	××	DS3	标高测量
5	经纬仪	2	××	J2	轴线控制测量
6	5 m 塔尺	2	××		标高传递及量距
7	水准尺	4			水平控制
8	5 m 钢卷尺	20	××		施工员现场的检测
9	50 m 钢卷尺	2	××		标高传递及丈量轴线间距
10	对讲机	4 对	××		通信联络
11	线锤	2	××		吊线
12	大锤(8 磅)	1	××		做临时标桩
13	遮阳伞	2	××		保护仪器,保证精度,减少误差

所有计量仪器均应按规定进行检验,保留检测报告。

DSZ_3 水准仪检测项目是:圆水准器轴 $L'L'$ // 竖轴 VV;十字丝的中丝 ⊥ 竖轴 VV;保证 $i \ngtr 20''$。

全站仪的检测项目是:水准管轴 LL ⊥ 竖轴 VV,应保证气泡偏离零点 ≯ 半格;十字丝的竖丝 ⊥ 横轴 HH;视准轴 CC ⊥ 横轴 HH;横轴 HH ⊥ 竖轴 VV。

(三)人员组织

配备具有上岗资质的专业测量人员 4 名和测量工程师 1 名。实行项目总工负责制,层层把关,责任到人。测量验线工作应采取独立验线,施工测量人员不能担任验线人员。测量人员应具有过硬的业务素质和高度的责任心,确保施工质量。

四、控制网的建立

(一)平面控制网

平面控制网的建立,应从整体布局考虑,遵循“先整体、后局部”“高精度控制低精度”的原则。本工程根据业主提供的控制点,经过多次复测无误后,将控制点采用导线测量的方式引测到施工现场布设控制网(见图 3-1)。根据该控制网对施工现场进行定位。控制点点位用混凝土保护,地面以上设醒目的围护栏杆,防止被破坏,如图 3-2 所示。施测完成后报监理、建设单位确认后,加以妥善保护。

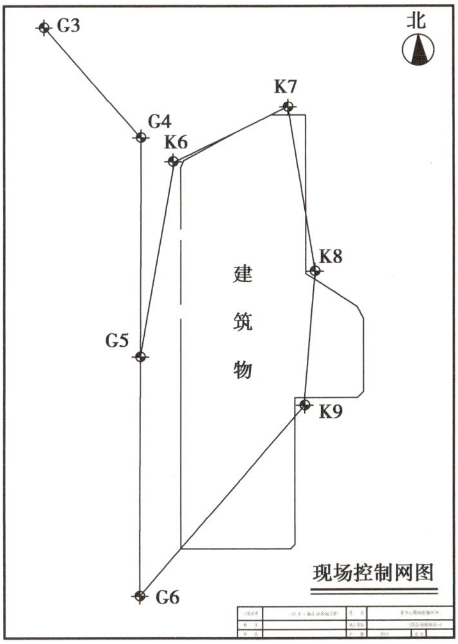

图 3-1　施工现场布设控制网图

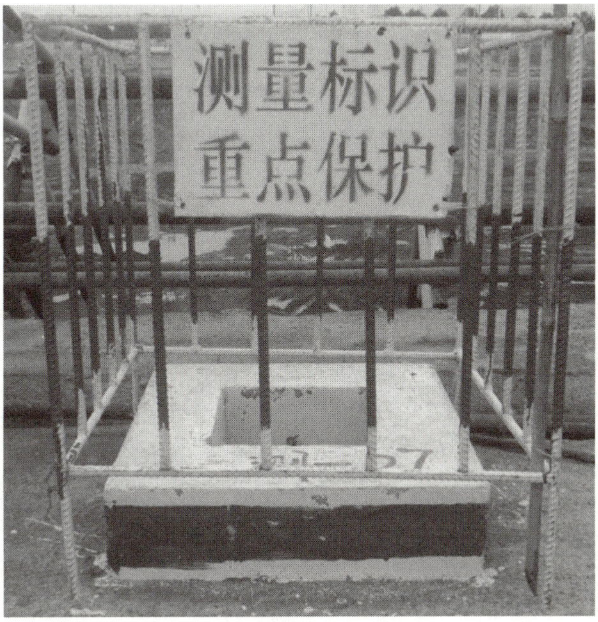

图 3-2　控制点点位保护

(二)高程控制网

为保证建筑物竖向施工的精度要求及观测的方便,本工程现场依据业主和测绘部门指定的控制点,在场区内建立高程控制网。先用水准仪对已知点进行复测检查,校测合格后,布设成闭合水准路线,联测场区高程控制点。水准点布设在通视良好的位置,距离基坑边线 10 ~ 20 m,可与建筑物某些轴线控制点在同一位置设置并进行保护。高程控制网的精度,不低于三等水准的精度。该点也作为以后沉降观测的基准点。

五、施工阶段测量

(一) ±0.000 以下施工测量

1. 基坑开挖线放样。对于本工程基坑开挖部分首先根据现场控制网和基坑边线点坐标测设出建筑物地下室基坑边线的交点位置,打桩定位并撒白灰线作为标志。当基坑开挖到接近坑底标高时,用全站仪根据平面控制网直接投测出基坑边线和集水坑开挖边线,并撒出白灰指导开挖。建筑物的定位测量精度要求见表 3-2。

表 3-2　定位测量精度要求

距离测量		角度测量	
测量方法	精度要求	测量方法	精度要求
一般方法:往、返测量取平均值	测距相对中误差 <1/10 000	一般方法,盘左、盘右分中定点	测角中误差 <2″

2. 基础轴线投测。基坑底清理完毕后,利用地面上的平面控制网进行地下基础部分轴线的投测。将仪器架设在控制桩位上,把控制轴线交点投测到作业面上,如图 3-3 所示。经检查无误,然后以控制线为基准,以设计图纸为依据,放样出其他轴线和柱边线、洞口边线等细部尺寸线。基础放线尺寸允许偏差见表 3-3。

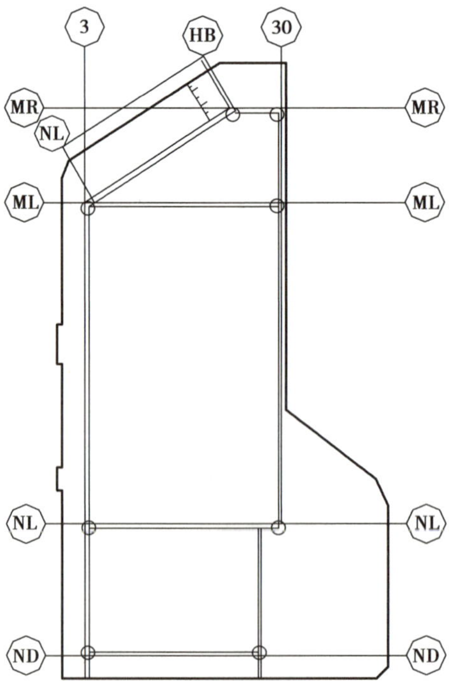

图 3-3　投测轴线交点

表 3-3　基础放线尺寸允许偏差

长度 L、宽度 B/m	允许偏差/mm
$L(B) \leqslant 30$	±5
$30 < L(B) \leqslant 60$	±10
$60 < L(B) \leqslant 90$	±15
$L(B) > 90$	±20

注:轴线的对角线尺寸的允许偏差应为边长偏差的$\sqrt{2}$倍;外廓轴线夹角的允许偏差应为 ±1″。

3. 地下工程高程测量。基础施工(即 ±0.000 以下)采用悬吊钢尺法将标高导入护坡桩上,且基坑四周不少于 4 点(每一个方向不少于一点),校核无误后方可引测其他控制标高点。

(1)高程控制点的联测。在向基坑内引测标高时,首先联测地面标高控制点,经联测确认无误后,方可向基坑内引测所需的标高。

(2) ±0.000 以下标高的施测。为保证竖向控制的精度,对所需的标高临时控制点即水平桩(又称腰桩)必须正确投测,腰桩的距离一般从角点开始每隔 3 ~5 m 测设一个,比基坑底设计标高高出 0.3 ~0.5 m,并相互校核,较差控制在 ±3 mm。

(3)基础结构模板支好后,用水准仪在模板内壁定出基础面设计标高线,控制混凝土浇筑。拆模后,在结构立面抄测建筑 1 m 线。

(二) ±0.000 以上施工测量

建筑物 ±0.000 以上的轴线传递,采用激光铅垂仪内控接力传递法。根据首层以上各楼层的平面图以及施工流水段的划分情况,选定所需要的内控点布设方法。每一流水段至少应埋设 3 个内控基准点,埋设在偏离轴线 1.0 ~2.0 m 的位置。基准点的埋设采用 10 cm × 10 cm 钢板,钢针刻画十字线,钢板通过锚固钢筋与首层楼面底板钢筋焊接,作为轴线竖向投测的基准点。

轴线竖向投测前,应对首层轴线控制网(钢板基准点)进行校测,校测精度不得低于建筑物平面控制网的精度,以确保轴线竖向传递精度。轴线竖向投测的允许误差见表 3-4。

表 3-4　轴线竖向投测的允许误差

高度/m	允许误差/mm
每层	±3
$H \leqslant 30$	±5
$30 < H \leqslant 60$	±10
$60 < H \leqslant 90$	±15
$90 < H \leqslant 120$	±20
$120 < H$	±25

轴线竖向投测流程如图 3-4 所示。采用激光铅直仪投测轴线控制点,先在底层基准点处架设激光铅直仪,调校到准直状态后打开电源,激光铅直仪发射可见光束,然后在楼板开口处用接收靶接收。通过无线对讲机调校可见光光斑直径达到最佳状态时,通知观测人员逆时针旋转铅直仪,这样在接收靶处就可见到一个同心圆(光环),取其圆心作为向上的投测点,并将接收靶固定,激光点位捕捉如图 3-5 所示,激光投点如图 3-6 所示。同样方法投测下一个点,保证每一施工段至少 3 个点,作为角度及距离校核的依据。控制轴线投测至施工层后,并与外墙、柱立向轴线校核,组成闭合图形,且间距不得大于所用钢尺长度(50 m)。在施工层用经纬仪连线,用墨线标明。供楼层放线使用。然后放出各部位细部线,细部线应弹出梁、墙、柱、门、洞口边线及 30 cm 控制线。施工层放线时,应先在结构平面上校核投测轴线,闭合后再测设细部轴线。

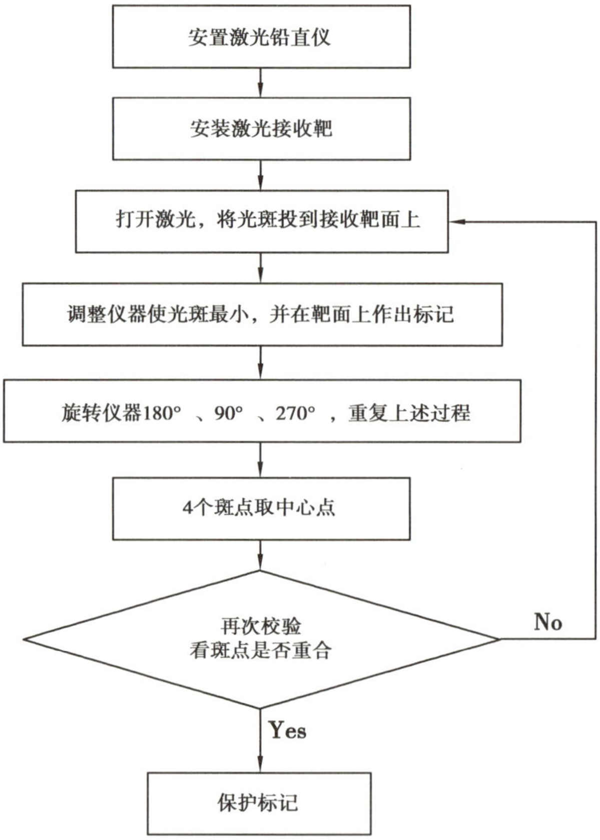

图 3-4　轴线竖向投测流程图

(三)高程传递

高程传递也就是把现场内永久标高控制点由底层传递到以上各层以控制每层的标高。高程传递点位置选择应保证此点不影响施工作业,反过来施工作业也不能影响高程的传递。基于此考虑把高程传递点与平面控制点放置在一起,既利于传递和成品保护还减少了施工作业影响。依据现场内永久标高控制点,选择 4 个点,在此 4 个点旁不影响平面投测的位置留设 4 个高程传递控制点。具体做法为:选择一层 4 个内控点钢板上焊接一根倒“L”形 $\phi16$

圆钢，利用50 m钢尺倒挂在圆钢上，采用上下两台水准仪进行抄测。如图3-7所示为楼层高程竖向传递示意图。利用两台水准仪，两根塔尺和一把50 m钢尺，依次将3个标高基准点由激光洞口传递至待测楼层，并用公式 $H_2 = H_1 + b_1 + a_2 - a_1 - b_2$ 计算，得该楼层仪器的视线标高，同时依此制作本楼层统一的标高基准点，并对各点进行联测，高差满足3 mm的精度要求后方能使用，用红三角标记。这些点即为该楼层的标高基准点，依此进行各项测量工作。

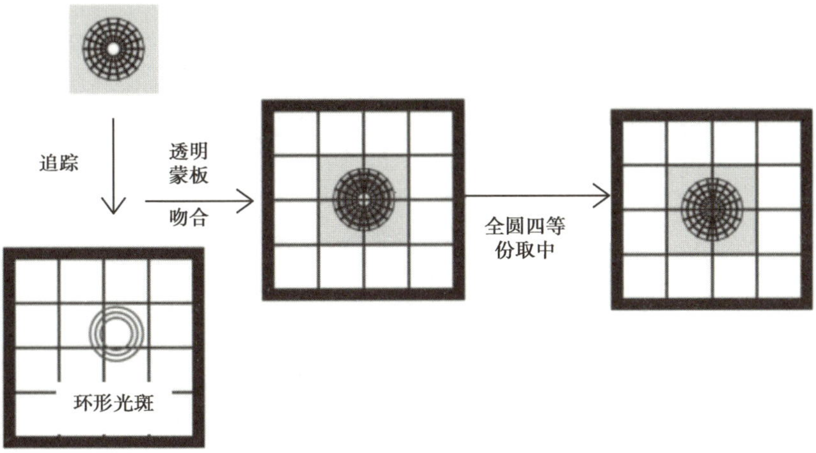

图3-5　激光点位捕捉方法示意图

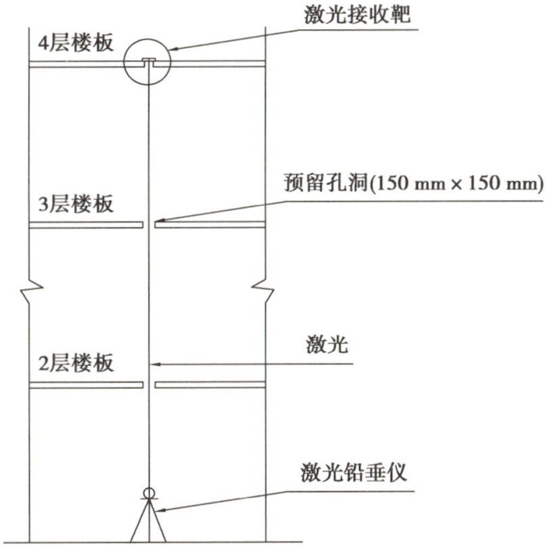

图3-6　激光铅垂仪天顶法投点示意图

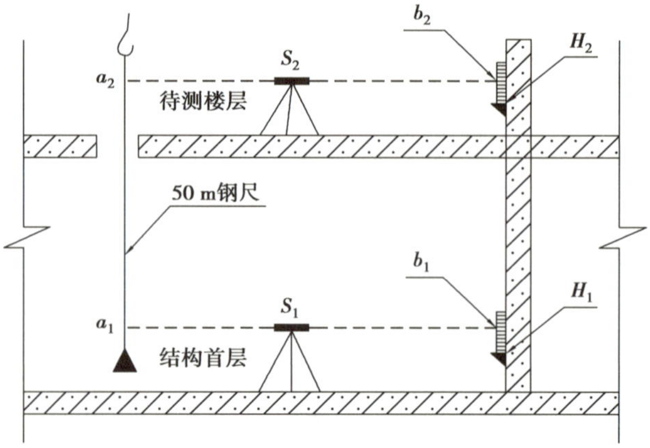

图 3-7　楼层高程竖向传递示意图

六、变形监测

根据规范规定，此工程应进行变形监测，并应符合现行行业标准《建筑变形测量规范》（JGJ8—2016）的有关规定。

（一）建筑物垂直度偏差控制

本工程为高层建筑，对垂直度要求很高，拟采用激光铅垂仪垂直引测控制测量偏差。采用分段内控法分阶段进行激光铅直仪垂直引测，分段高度控制在 50 m 以内。当第一段施工完毕，将此段首层控制点的点位精确地投至上一段的起始楼层上，并进行控制网的检测和校正，确认控制点准确无误后，重新埋点。

现行国家验收规范中规定：建筑物的垂直偏差不得超过其总高度的 1/1 000，同时不得大于 30 mm。相对来讲，建筑物越高，垂直偏差要求越严格。本工程采用外立面外墙竖向控制和内控点轴线竖向传递共同控制建筑物的整体垂直度。

（二）沉降观测

为了检查施工对邻近建筑物安全的影响，以及检查工程设计、施工是否符合预期要求，施工过程中需要进行沉降观测。本建筑物施工时沉降观测按二等水准测量的技术要求施测，每次观测均应对仪器进行 i 角检验。水准基点以保证其稳定可靠为原则，依据设计图纸预埋设沉降观测点，埋设位置应在便于观测和不容易被破坏的部位，并妥善保护。

沉降观测要遵循“一稳定、四固定”的原则。一稳定：沉降观测依据的基准点、工作基点和被观测物上的沉降观测点，点位要稳定。四固定：使用仪器、设备要固定；观测人员要固定；观测时的环境条件基本一致；观测的路线、程序和方法要固定。以上措施主要从客观上尽量减少观测误差和不定性，使观测结果具有统一的趋向性，保证各次复测结果与首次观测结果可比性更一致，使观测的沉降量更趋准确。

建筑物施工阶段的变形观测，应随施工进度及时进行。基坑开挖后进行地基回弹观测；底板施工完毕后应观测，且每增加一层观测一次；如果施工过程中出现暂时停工，在停工时及重新开工时各观测一次，停工期间，可每隔2个月观测一次。在施工过程中，如果出现长时间连续降雨、基础四周大量积水等情况应增加观测次数。当建筑物突然发生大量沉降、不均匀沉降或严重裂缝时，应立即进入逐日观测或几天一次连续观测。各次所观测的沉降结果应及时整理为成果资料，并通报业主及现场监理工程师，工程竣工后，将成果资料整理归档。

七、施工质量保证措施

1. 测量作业的各项技术指标应符合《工程测量标准》(GB 50026—2020)的规定。
2. 进场的测量仪器设备，必须检定合格，标识保存完好。
3. 建立专业测量组，测量员应有上岗证，原始测量资料专人整理存档。
4. 施工图、测量桩点，必须经过校测合格，并办理交接手续后才能作为测量依据。
5. 加强场内测量桩点保护，所有桩点均做明确标识、防止错用。
6. 经自检、专检合格后及时向监理工程师报验，验收合格后方可进行下一道工序施工。
7. 控制点应设在施工影响范围之外，特别是应设在挖土影响区外，以防止点位遭破坏，保证测量的精度。

八、安全文明施工

1. 严格遵守施工现场安全管理规定，遵守操作规程，防止任何事故发生。
2. 施测时注意安全。进入施工现场必须佩戴好安全用具；不得穿拖鞋、短裤及宽松衣物进入施工现场。
3. 恶劣气候条件下应停止测量作业，以免损坏测量仪器。使用塔尺须小心谨慎，防止触电。
4. 测量中，测量人员不得离开仪器，以免他人碰撞仪器造成仪器损坏或引起测量错误。
5. 施测时，必须穿着反光背心，在架设仪器区域摆设锥形筒，交通繁忙的路口应设置明显标志，并由专人指挥疏导交通。在场内、外道路进行作业时，要注意来往车辆，防止发生交通事故。
6. 测量资料要妥善保管，需要保密的资料按相关保密法的规定执行。
7. 仪器应由专人使用，架设仪器处应有专人守护，观测者必须坚守岗位；在使用仪器前要仔细阅读说明书，了解仪器各部位的性能和使用要求。
8. 野外作业应尽量避免仪器、工具受日晒雨淋，每天作业完毕后专人对仪器、工具进行维护和保养。存放仪器要采取防盗、防火和防潮措施。
9. 短途运输仪器应有专人怀抱或背负，远距离或复杂地区迁站应将仪器装在仪器箱内搬运。长途运输应有防震措施。

案例 2
道路工程测量技术要求

一、工程概况

某城市支路规划改建工程东起 A 地，西至 B 地，途径 E、F 地区，全长约 2 800 m。道路两侧地势起伏较大，通视条件良好，为测量的平面控制和高程控制创造了良好的条件，红线宽度为 32 m。红线范围内尚有部分民房及高压电杆需要搬迁，与 CC 路相交对接。本段工程测量的平面和高程的起算依据是建设单位提供的平面控制点 4 个（G5、G6、G7、G8）和国家水准点 2 个（BMK1，BMK2）。

二、技术标准

1.《城市道路工程设计规范》（CJJ 37—2012）。
2.《工程测量标准》（GB 50026—2020）。
3.《城市测量规范》（CJJ/T 8—2011）。

三、工程测量的控制系统

1. 平面控制采用"××市独立坐标系"，引用由建设单位提供的已知控制点布设一级导线控制网。

2. 高程控制采用"1985 国家高程基准"，高程控制网精度达到四等水准测量精度。

四、地形图测绘

（一）测量内容

由于是改建工程，已有部分地形资料，沿道路走向两侧各 50 m 修测带状地形图，特别是搬迁居民区及 CC 路相交处区域，供设计中线使用。

(二)横向道路测量范围

对与设计道路相交的横向道路进行修测，修测范围为：宽度为横向道路规划红线两侧路 50 m 以内，长度以交叉口交点为基准沿横向道路中心线前后各 80 m。

(三)测量要求

按 1∶500 比例尺实测地下、地上管线，建筑物，以及地貌、地物，并符合有关国家标准和要求。当线路与重要的管线、架空线相交时，须测量管线标高和架空线悬高。线路红线范围内的池塘须测出池塘底部标高及淤泥厚度。

五、中线测量

按规划提供的道路中心线的控制坐标进行实地放桩，定出线路的起点、终点和转角点，以及曲线的主点(或由中线坐标利用全站仪或 GNSS-RTK 直接放样中线)。

在测量过程中，实测线路与横向相交的道路、河道、各种地下和地上管线的里程、交角、交点坐标。如横向道路为已建道路，按老路实地分中并加桩；如横向道路为规划道路，按规划中心线坐标定线并加桩。另外，在拆迁建筑物处、变坡点处、地质变化处均应设加桩，注明里程，如控制桩间距大于 300 m，需设加桩，且保证两个桩之间能够通视，对线路中的控制桩须设置护桩，绘点之记，以便施工时交桩或恢复中线。

六、纵断面测量

纵断面按设计中线逐桩进行，并检查里程桩号，间距为 20 m，遇地形起伏等处应按要求设加桩，反映地形特征。里程比例尺为 1∶2 000，高程比例尺为 1∶200。

七、横断面测量

横断面实测各中桩两侧各 30 m 以内，断面遇地形变化处应适当加密。比例尺为 1∶200。

八、其他测量

1. 雨水、污水管道测量：本工程范围内雨水、污水管道，交叉口范围内的现有管道，与本工程相交的已建道路路口其他公用管线，均须实测并做物探，物探要求另见《工程地下管线探测任务委托书》。

2. 跨河桥测量：实测与线路相交的天然河道位置断面，每条河道测三个河床断面，即中线及上、下游各 30 m 处，包括两侧地面标高。测量现状水位高程，调查最高水位标高和淤泥深度。

3. 交叉口散点测量:对本工程范围内交叉口散点应按照设计单位提供的散点布置图逐点进行测量。与设计道路相交的现状为水泥路面的横向道路,还应对工程范围内的板块划分进行测量。

九、成果要求

1. 根据建设单位要求,在××天时间内完成。
2. 导线成果,水准点成果,并配有点之记。
3. 地形图按 AutoCAD R14 版本格式。
4. 中线线位成果,坐标精度为毫米。
5. 纵断面、横断面、河床规划断面,按数字化纯文本格式提供,附数据格式。

第四部分

工程测量综合实训项目

综合实训1　建筑工程测量综合实训

【案例导入】

项目概况：××项目位于××市××区，南北方向长143 m，东西方向长198 m，总用地面积34 278.365 m^2。建筑结构的设计使用年限为50年，工期为430天。1、2、3号楼均为18层高层住宅，另外包含一栋3层幼儿园及2层地下车库。

根据此项目概况，结合第三部分案例1高层建筑施工测量方案，按指导教师提供的已知资料，在校内(外)综合实训基地模拟完成1号楼施工测量工作。其主要内容有：测量仪器的检校；平面控制测量；高程控制测量；水平面测设；建筑物定位与放线。

由于建筑施工测量是随施工进度逐步开展的，轴线竖向投测等后续测量工作本次实训不要求。

一、实训目标

(一)知识目标

1. 掌握水准仪和全站仪的使用、检校方法。
2. 掌握控制测量的基本理论和方法。
3. 掌握施工场地抄平的原理与方法。
4. 掌握建筑物定位放线的原理与方法。

(二)能力目标

1. 具备导线与水准路线的布设、外业施测和内业数据处理的能力。
2. 具备建筑物定位放线的能力。
3. 具备施工场地水平面测设(抄平)的能力。

(三)素质目标

1. 培养学生的创造能力、开发能力、独立分析问题和解决问题的能力。
2. 培养学生吃苦耐劳、团结协作、精益求精的“工匠精神”和爱护仪器、热爱专业的品质。

二、实训计划

1. 仪器和工具：全站仪1台，棱镜2套(带脚架)，单棱镜1套(带棱镜杆)，自动安平水准仪1套，双面水准尺1对，记录板1个，钢钉若干，铁锤1个，红油漆适量。

自备工具：计算器1台，铅笔数支，红蓝笔，橡皮等。

2. 场地：校内、外综合实训场地。

3. 人员：以小组为单位，每组5~6人，设置组长1名，组长统筹安排整个小组实训的相关工作。

4. 时间:1 周 (时间进程计划见表 4-1)。

表 4-1　时间进程计划表

内容	时间/天
布置实训内容,领取仪器、设备,检验仪器	0.5
水准测量及内业计算	1
导线测量及内业计算	1.5
施工放样	1.5
归还仪器、成果上交、仪器操作考试	0.5
总计	5

三、实训内容与要求

本次实训的主要内容包括测量仪器的检校、平面控制测量、高程控制测量、建筑物的定位和放线以及水平面的测设。

(一)测量仪器的检校

按测量仪器的检核要求完成自动安平水准仪和全站仪的检核,提交检核报告。

(二)平面控制测量

本实训的平面控制采用闭合导线的布设形式,按三级导线测量的要求施测,参照《工程测量标准》(GB 50026—2020)中的三级导线相关技术要求(参见课内实训项目 13 中表 2-2)。

- 选点

根据实训场地内已知控制点的分布情况,选择互相通视的两个已知点作为起算数据。然后从一个起算点出发,布设一条闭合导线,导线总长在 1 km 左右。导线边长应为 60 ~ 100 m。点位的选择应符合选点要求,点位用钢钉或红油漆在地面做好标志,然后用字母、数字的组合为每个导线点按次序进行编号。

- 测距

使用全站仪的测距功能完成相邻两个控制点之间的距离测量工作,测距前注意完成棱镜常数等相关参数的设置工作。距离一般采用单程多测回的测量方式(10 mm 级仪器观测一个测回),一测回读数 2 ~ 4 次,读数较差≤10 mm,各测回间较差≤15 mm。

- 水平角观测

水平角观测采用测回法测一个测回。采用全站仪配合棱镜进行水平角测量时应精确照准棱镜中心。采用经纬仪配合标杆时,应尽量照准标杆的根部。角度闭合差应满足表 2-2 的规定。

(三)高程控制测量

高程控制测量采用四等水准测量的形式。详细技术要求参见课内实训项目3中表2-1。选择一个已知高程点作为起算数据,利用导线点的布设位置,施测一条闭合水准路线。

(四)水平面测设

水平面测设也称为抄平。指导教师根据实训场地情况设定水平面区域大小,给定设计高程,提供已知高程点,各小组完成指定区域的抄平任务。

在实训场地内按一定间距测设方格网,用木桩确定方格网点,然后根据已知水准点用水准测量方法在各桩上标定设计高程的标高线,形成水平面。测设时,在已知点(例如 A 点高程 H_A 为已知)和待测设点间安置水准仪,读取 A 点处水准尺读数 a,则视线高程 $H_i = H_A + a$,则待测设点处的水准尺读数为 $b_{应} = H_i - H_{设}$,观测者指挥立尺者上下移动水准尺使其读数为 $b_{应}$,然后在水准尺零端对应木桩上画出水平标志线,在各方格网点上重复此操作步骤,所有木桩上的标志线便构成了设计高程的水平面。

(五)定位放线

根据老师提供的已知控制点和建筑物定位点坐标,以及建筑平面图所标尺寸,将建筑物各轴线交点测设到实训场地,用木桩设置定位桩、交点桩和轴线控制桩。

例如:已知控制点 A(850.000,850.000)、B(870.000,850.000),如图4-1所示为轴线尺寸示意图,M、N 为建筑物的两个定位点,坐标为 M(862.000,860.000),N(862.000,869.000)。其余尺寸如图4-1所示。

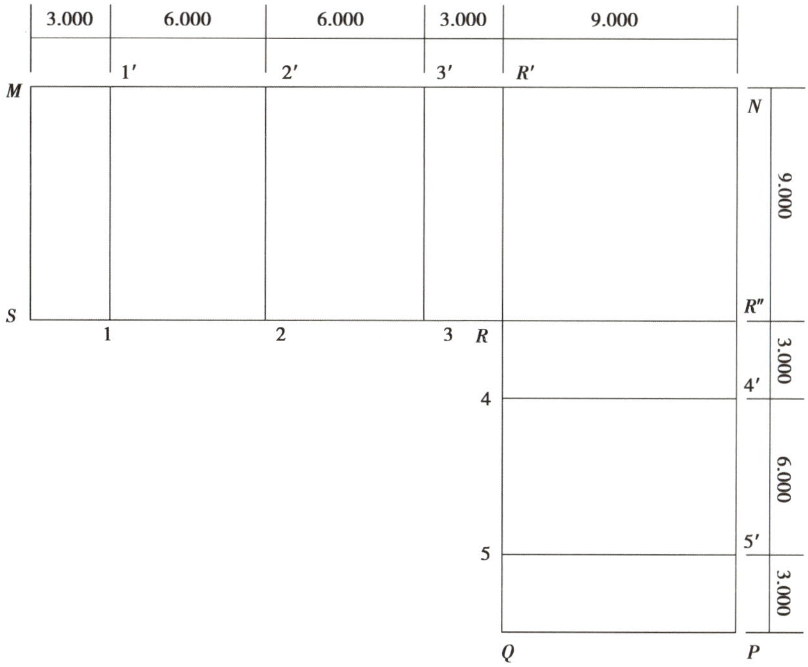

图4-1　轴线示意图(单位:m)

首先，利用已知控制点和定位点坐标值用全站仪坐标法将 M、N 确定在地面上并打桩，在桩上标点。检核其间距是否满足要求，精度不低于$\frac{1}{10\ 000}$。合格后，将仪器置于 M 点，按图 4-1 中轴线尺寸测设出 MN 处的垂直方向角点 S，同理测设出其余角点 P、Q、R，轴线间距经检核合格后，再测设出其他轴线交点位置（如 1，2，3…）并打桩，此为交点桩。

交点桩确定之后，还应在轴线两端延长线上设置轴线控制桩（轴线控制桩离基槽外边线的距离可根据施工场地的条件来定），并用木桩做好点位标志，为了保证轴线控制桩的精度，交点桩与轴线控制桩最好是一起测设。以轴线控制桩为准将基槽上口宽度拉线撒出基槽开挖灰线。

特别注意，定位放线和抄平任务完成后，均需经指导教师检验后方可拔桩。

四、单项技能考核

（一）考核目标

结合学生就业岗位能力需求，控制测量、点位测设、高程测设等专业技能都是学生必须掌握的核心技能，考虑考核过程的可实施性，融合测量技能竞赛的评分标准，以某一单项技能为载体对单项技能进行“人人过关”考核。

通过实施单项技能过关考核，强化学生实践操作能力，有效推进专业技能考核规范化、标准化，引导教师在实践教学环节中对学生的专业技能按照技能竞赛的标准有针对性的培养和训练，促进学生职业技能的提升和职业素质的养成，适应岗位需求。

（二）考核内容与方法

考核内容结合学生就业岗位对职业能力和职业素质的要求，注重基本技能考核和综合能力考核相结合。

具体考核内容及安排：利用已知控制点（如 A、B 为两已知点），以 A 点设站，B 点定向，采用合适的方法在规定的时间内测设出教师给定的设计坐标点 C，经检查点位误差在精度允许范围内，则成果为合格。

（三）评分标准

评分标准按表 4-2 进行。

表 4-2　单项技能考核评分标准

考核项	权重	项目	评分点	分值	得分
仪器操作	50%	安置	脚架高低与操作者身高协调；脚架张开角度安全、美观	4	
			双手取出仪器；仪器上架不得松手，直至拧紧连接螺旋后手才能松开	4	
			仪器与三脚架连接好后，仪器箱盖好	2	

续表

考核项	权重	项目	评分点	分值	得分
仪器操作	50%	对中、整平	符合对中要求,偏离中心不超过 2 mm	5	
			符合整平要求,偏离中心不超过 1 格	5	
			对中整平后,仪器基座不能明显偏离三脚架架头中心,与三脚架架头大致平行	4	
		调焦照准	“先目镜调焦,后物镜调焦”,目标成像清晰	4	
			棱镜中心与全站仪十字丝中心对齐	4	
		参数设置	能正确进行全站仪测量模式、棱镜常数等参数设置	5	
		规范操作	观测过程中,不能出现骑马式观测等不规范操作,出现一次扣 1 分	5	
		读数	准确,规范	4	
		记录	规范,格式正确	4	
操作流程	10%	放样操作过程	设站、后视、放样流程熟练清晰,指挥熟练,配合默契	10	
放样精度	20%	点位精度	$\leqslant$10 mm	20	
时间	20%	全部操作时间	$t\leqslant$10 min, 时间得分为满分; 10 min $<t\leqslant$15 min,按梯度计时间得分; $t>$15 min,考试终止,时间得分为 0 分	20	
其他		仪器安全	仪器摔倒落地,或故意干扰他人考核不听劝阻等情节恶劣者,直接计 0 分		
总分				100	

五、实训报告

每组上交“工程测量综合实训报告书”一份,装订成册。报告书内容包括:

(1)封面(含班级、小组、组员、实训时间等);

(2)控制测量外业观测记录表与成果计算表;

(3)控制点草图;

(4)桩位放样记录表;

(5)高程测设记录表;

(6)个人实训报告(每人一份,要求内容全面、概念正确、语句通顺、文字简练、图表清晰美观)。

六、实训注意事项

1. 实训过程中注意人身安全。

2. 注意爱护仪器工具,仪器若有摔落、损毁将照价赔偿,并严肃处理直至取消实习资格,严禁坐仪器箱子、水准尺等。

3. 遵守实训作息时间,实训期间作息时间与行课时保持一致,不得无故旷课、迟到、早退,有事或生病需提前向指导教师请假,病假需提供证明。

4. 水准测量时,尺子应扶稳扶直,绝不允许脱开双手;工作间歇时不允许将水准尺靠在树上或墙上,应放在背阳侧平坦安全的地面上。

5. 实行组长负责制,各小组组长负责本组的实训组织和任务安排,小组成员应轮流操作。

6. 每天出工前和收工后,组长负责安排人员清点仪器设备数量,检查仪器设备是否完好,如发现问题及时报告。每次出发作业前,应检查仪器背带、提手、仪器箱的搭扣是否牢固。

7. 仪器应放在明亮、干燥、通风之处,不准放在潮湿地面上。

8. 从仪器箱内取用仪器时,应一手握住仪器基座,一手托住仪器支架,从仪器脚架上取下仪器放回箱内时,也应这样做,并将仪器按正确位置放置。

9. 仪器安置在测站上时,始终应有人看管;在野外使用仪器时,不得使仪器受到阳光的照射;暂停观测或遇小雨时,首先应把物镜罩盖好,然后用测伞挡住仪器。

10. 使用铅笔记录数据,严禁涂改数据,保持记录本干净整洁。数据直接记录在规定的表格中,不得转抄誊写。

11. 每天实习收工后,应及时整理当天的外业观测资料,并做好资料的保管。

12. 实训期间请勿打闹嘻嘻,实训场地禁止吸烟。

13. 严禁打架、严禁违规操作仪器、严禁穿背心和拖鞋参加实训、严禁在实训场地乱扔垃圾。

14. 定位放线或抄平任务完成后,均需经指导教师检验后方可拔桩。

七、成绩评定

实训结束后,指导教师根据以下情况对学生的实训成绩进行综合评分。成绩分为优秀、良好、中等、及格和不及格 5 个档次。

1. 在实训中的出勤情况。

2. 实训所表现的态度和品质、分析问题解决问题的能力。

3. 仪器工具爱护的情况。

4. 小组所交资料完整度、完成实训任务的质量与实训报告的质量。

5. 单项技能考核成绩。

凡无故缺勤超过 20% 的、严重损坏仪器工具、未交成果资料和实训报告、伪造原始观测数据者,以及仪器操作考核不及格者,均作不及格处理。

综合实训 2　道路工程测量综合实训

【案例导入】

项目概况：根据 A 城市建设规划，拟在离市区 6 km 的 B 地修建大学城。需要先修建一条设计时速为每小时 80 km 的 6 车道公路连接两地。通过竞标××测绘单位获得该公路工程项目从勘测设计到施工建设阶段的所有测绘工作。

根据线路工程测量方案设计，该线路工程测量分为初测、定测、施工测量。具体工作内容主要包括控制测量、带状地形图测绘、中线测量、纵横断面测量、施工放样、竣工测量等，其中施工放样包括道路、桥涵、隧道及其附属设施等的施工放样工作。

结合实际条件，本综合实训完成初测与定测阶段的测量工作。施工放样需要与施工配合完成，有条件的可以选做。

实训内容概述：

(1)初测阶段，沿线路布设控制点完成控制测量，并施测带状地形图。

(2)定测阶段，将初步设计所定线路测设到实地，并结合现场情况改善线路位置。该阶段包括线路中线测量和纵横断面测绘。线路中线放线采用 GNSS-RTK 法或全站仪坐标法等。

线路中线测量含设置里程桩和加桩，以及曲线测设。曲线分为平曲线和竖曲线，根据其曲率半径特点，平曲线分为圆曲线和缓和曲线。

目前，圆曲线测设可先从设计图上直接获得曲线主点和细部点在测量坐标系中的坐标，然后将主点和细部点采用全站仪或 GNSS-RTK 坐标法一并测设。若未直接提供坐标，可根据曲线设计元素采用坐标计算的方法自行计算。

线路纵断面测绘是利用初测水准点以中平测量的要求测出各里程桩、加桩处的地面高程，绘制反映沿线地面起伏情况的纵断面图。线路纵断面也可采用全站仪或 GNSS－RTK 测绘。线路纵断面图采用直角坐标法绘制，以里程为横坐标，以高程为纵坐标。里程比例尺常采用 1∶2 000 或 1∶1 000，为突出显示地形起伏状态高程比例尺通常为里程比例尺的 10～20 倍。

线路横断面测绘是在各中桩处测定垂直于道路中线方向的地面起伏，绘制横断面图。横断面上中桩的地面高程已在纵断面测量时测出，两侧地形特征点相对于中桩的平距和高差可用水准仪皮尺法测定，也可与纵断面一起采用全站仪或 GNSS-RTK 测绘。线路横断面图的纵横比例尺相同，一般采用 1∶100 或 1∶200。在横断面图上应标定中桩位置和里程，将地面特征点逐一展在图上并连线，即绘出横断面图。

一、实训目的

(一)知识目标

1. 掌握水准仪、全站仪、GPS 接收机的使用与 RTK 点放样的方法。

2. 掌握控制测量的方法。

3. 掌握道路中线测量的方法和道路纵横断面测量的方法。

(二)能力目标

1. 具有进行控制测量和施工放线的能力。

2. 具有道路中线测量的能力。

3. 具有纵横断面图测量与绘制的能力。

(三)素质目标

培养学生吃苦耐劳、艰苦朴素、实事求是、工作严谨、团结互助、爱护仪器、尊重规则的意识和精益求精的工匠精神。

二、实训计划与要求

1. 设备:借领全站仪 1 套,带基座棱镜 2 套,自动安平水准仪 1 套,水准尺 1 对,尺垫 2 个,记录板 1 个,GPS 接收机 2 台,碳素杆 1 个,木桩若干,锤子 1 把。自备计算器及铅笔 2 支。

2. 场地:校内、外综合实训场地。

3. 成员:4~5 人一个小组。

4. 时间:2 周(时间进程计划见表 4-3)。

表 4-3　时间进程计划表

内容	时间/天
布置实训内容,领取仪器、设备,检验仪器	1
水准测量及内业计算	2
导线测量及内业计算	2
中线测量,资料整理	2
纵横断面测量	2
归还仪器、成果上交、仪器操作考试	1
总计	10

三、实训内容与方法

本次实训的主要内容包括测量仪器的检核、平面控制测量、高程控制测量、道路中线测量、纵断面测量、横断面测量。

(一)测量仪器的检核

按测量仪器的检核要求完成自动安平水准仪和全站仪的检核,提交检核报告。

(二)平面控制测量

按二级导线测量施测,如“综合实训 1”平面控制测量所述。

(三)高程控制测量

按四等水准测量施测,如“综合实训 1”高程控制测量所述。

(四)带状地形图测绘

1. 仪器资料准备。全站仪数字测图法所需的生产设备为全站仪、计算机和数字化测图软件。收集高级控制点(导线点)成果资料,将其按照代码及(X,Y,H)三维坐标或其他成果形式录入电子手簿。

2. 数字测图方法。如图 4-2 所示,进行数字测图一般要经过以下几个过程:资料及测图准备→野外碎部点采集→数据传输→数据处理→图形编辑→检查验收。

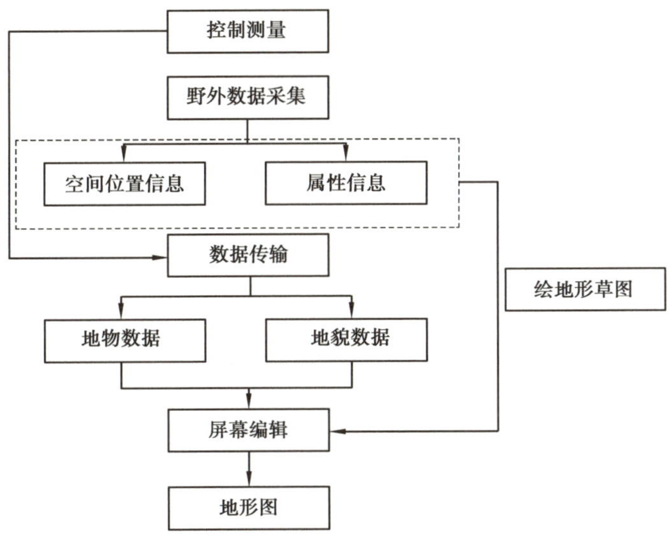

图 4-2　数字化测图流程

根据所使用设备的不同,内外业一体化数字测图有以下两种方法:

(1)草图法。草图法是在野外利用全站仪或电子手簿采集并记录外业数据或坐标,同时手工勾绘现场地物属性关系草图,返回室内后,下载记录数据到计算机内,将外业观测的碎部点坐标读入数字化测图系统直接展点,再根据现场绘制的地物属性关系草图在显示屏幕上连线成图,经编辑和注记后成图。

(2)电子平板法。在野外用安装了数字化测图软件的笔记本电脑或掌上电脑直接与全站仪相连,现场测点,电脑实时展绘所测点位,作业员根据实地情况,现场直接连线、编辑和加注成图。具体测绘时应根据已展绘在电脑上的控制点,测绘中线两侧 50 m 的带状地形图,比例尺 1:1 000。

(五)道路中线测量(含曲线测设)

1. 各组在现场自行确定两控制桩 D101、D102,其坐标假定值按表 4-4 所示。交点坐标及桩号、线路转角、圆曲线半径见表 4-7。如图 4-3 所示,每组完成 JD2 上一个完整的圆曲线测设。人员分工:两人立棱镜,一人标点,一人观测。放样完 1 ~2 点后轮换工作。

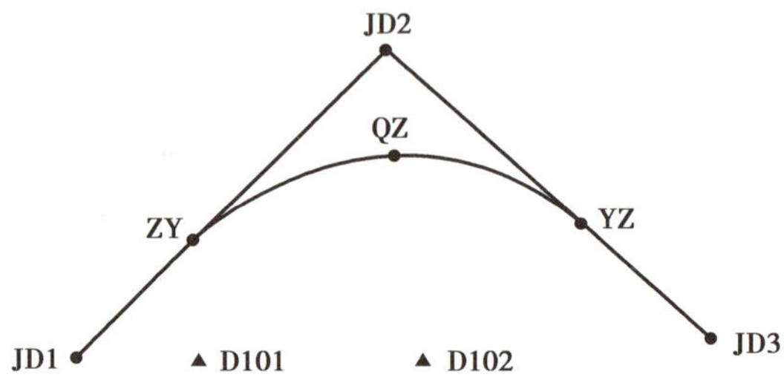

图 4-3　模拟线路及控制桩平面布置图

表 4-4 控制桩平面成果表

点号	平面坐标	
	X 坐标	Y 坐标
D101	20 132. 811	39 572. 572
D102	20 132. 811	39 592. 572

2. 计算逐桩坐标。完成表 4-5 中曲线要素、主点里程及直线段方位角计算,按每 10 m 一桩点确定圆曲线上应测设点的桩号及逐桩坐标,数据填入"平曲线逐桩坐标值表"。

表 4-5　线路直线、曲线转角表

交点序号	交点桩号	交点坐标		偏角	曲线要素			ZY 点里程	QZ 点里程	YZ 点里程	方位角
					R	T	L				
1	K1 +195. 00	20 135. 120	39 570. 241	—	—	—	—	—	—	—	
2	K1 +245. 00	20 160. 120	39 613. 542	40°	100						
3	K1 +325. 00	20 146. 228	39 692. 327	—	—	—	—	—	—	—	

3. 根据控制桩位置及平曲线逐桩坐标测设线路中线。

方法一:将仪器在安置 D101 控制桩,以 D102 控制桩为后视点,根据所算的各中桩点坐标,利用全站仪坐标放样功能测设各点并钉桩。

方法二:用 GNSS-RTK 坐标放样法测设平曲线上各桩点。

4. 线路中线测量精度:测量点位误差≤5 cm。

(六)线路纵断面测量(即中平测量)

1. 利用已完成测量的高程控制点,对所放平曲线进行中平测量,完成曲线段各中桩点高程的测量工作。

2. 纵断面测量技术要求：中桩高程宜观测两次，两次测量成果满足表 4-6 中平测量精度要求。

3. 绘制线路平曲线段的纵断面图。

表 4-6　中平测量精度要求

公路等级	闭合差/mm	两次测量之差/mm
高速公路，一、二级公路	$\leqslant 30\sqrt{L}$	≤5
三级及三级以下公路	$\leqslant 50\sqrt{L}$	≤10

注：L 为中平测量的路线长度（km）。

（七）线路横断面测量

1. 完成 ZY、QZ、YZ 桩点的横断面测量任务，左右两侧各 20 m。

利用全站仪或球心方向架可确定各点横断面方向（即圆曲线上各点的半径方向），并在横断面方向上选定若干变坡点。以周围相近高程控制点为后视，利用水准仪皮尺法测得横断面上各变坡点高程及变坡点至中桩点距离。

2. 横断面测量技术要求：

$$高差限差 \leqslant \pm(L/1000 + h/100 + 0.2)$$

$$距离限差 \leqslant \pm(L/100 + 0.1)$$

式中　h——检测点至线路中桩的高差，m；

L——检测点至线路中桩的水平距离，m。

3. 绘制线路平曲线段的横断面图。

四、单项技能考核

考核学生的仪器操作水平与点位测设操作技能，参照“综合实训 1”单项技能考核评分标准进行。

五、实训报告

每组上交“工程测量综合实训报告书”一份，装订成册。报告书内容包括：

（1）封面（含班级、小组、组员、实训时间等）；

（2）控制测量外业观测记录表与成果计算表；

（3）控制点草图；

（4）曲线要素计算表，曲线测设数据表（逐桩坐标值）；

（5）纵横断面观测记录表，纵横断面图；

（6）个人实训报告（每人一份，要求内容全面、概念正确、语句通顺、文字简练、图表清晰美观）。

六、实训注意事项

参照“综合实训 1”实训注意事项。

七、成绩评定

参照“综合实训 1”成绩评定。

工程测量综合实训

实训报告书

指导教师：

班　　级：

组　　号：

小组成员：

实训时间：

控制点草图

普通水准测量观测记录表

日期：　　　　　　　　　仪器型号：　　　　　　　　　天气：

班级：　　　　　　　　　小　组：　　　　　　　　　　姓名：

测站	点号	后视读数/m	前视读数/m	高差/m	备注
$\sum$ 检核					

普通水准测量观测记录表

日期：　　　　　　　　　仪器型号：　　　　　　　　　天气：

班级：　　　　　　　　　小　组：　　　　　　　　　姓名：

测站	点号	后视读数/m	前视读数/m	高差/m	备注
$\sum$ 检核					

四等水准测量记录表

日期：　　　　　　　　　仪器型号：　　　　　　　　　天气：

班级：　　　　　　　　　小　组：　　　　　　　　　　姓名：

测站编号	测点	后尺 上丝 / 下丝 后视距/m 视距差 d	前尺 上丝 / 下丝 前视距/m 累积差 $\sum d$	方向及尺号	中丝读数/m 黑面	中丝读数/m 红面	K＋黑－红 /mm	高差中数 /m	备 注
				后					
				前					
				后－前					
				后					
				前					
				后－前					
				后					
				前					
				后－前					
				后					
				前					
				后－前					
				后					
				前					
				后－前					
本页校核									

四等水准测量记录表

日期： 仪器型号： 天气：

班级： 小　组： 姓名：

测站编号	测点	后尺 上丝 下丝 后视距/m 视距差 d	前尺 上丝 下丝 前视距/m 累积差 $\sum d$	方向及尺号	中丝读数/m 黑面	中丝读数/m 红面	K+黑－红/mm	高差中数/m	备注
				后					
				前					
				后－前					
				后					
				前					
				后－前					
				后					
				前					
				后－前					
				后					
				前					
				后－前					
				后					
				前					
				后－前					
本页校核									

水准测量成果计算表

点号	测站数 n_i 或距离 L_i/m	实测高差 h_i/m	高差改正数 v_i/m	改正后高差 $h_{i改}$/m	高程 H/m	备注
$\sum$						
辅助计算						

水准测量成果计算表

点号	测站数 n_i 或距离 L_i/m	实测高差 h_i/m	高差改正数 v_i/m	改正后高差 $h_{改}$/m	高程 H/m	备注
$\sum$						
辅助计算						

(导线测量)水平角观测记录表(1 个测回)

测站	竖盘位置	目标	水平度盘读数/(°　′　″)	半测回角值/(°　′　″)	一测回平均角值/(°　′　″)	备注

(导线测量)距离测量记录表

边名	往测	返测	精度	平均值	备注

（导线测量）水平角观测记录表（1 个测回）

测站	竖盘位置	目标	水平度盘读数/(° ′ ″)	半测回角值/(° ′ ″)	一测回平均角值/(° ′ ″)	备注

（导线测量）距离测量记录表

边名	往测	返测	精度	平均值	备注

(导线测量)角度观测记录表(2 个测回)

测站	测回	竖盘位置	目标	水平度盘读数/(° ′ ″)	半测回角值/(° ′ ″)	一测回角值/(° ′ ″)	各测回均值/(° ′ ″)	备注

(导线测量)距离测量记录表

边名	往测	返测	精度	平均值	备注

（导线测量）角度观测记录表（2 个测回）

测站	测回	竖盘位置	目标	水平度盘读数/(° ′ ″)	半测回角值/(° ′ ″)	一测回角值/(° ′ ″)	各测回均值/(° ′ ″)	备注

（导线测量）距离测量记录表

边名	往测	返测	精度	平均值	备注

导线测量成果计算表

点号	观测角 /(° ′ ″)	角度改正数 /(″)	改正后角度值 /(° ′ ″)	坐标方位角 /(° ′ ″)	距离 /m	坐标增量 Δx		坐标增量 Δy		纵坐标 X/m	横坐标 Y/m
						计算值 /m	改正后值 /m	计算值 /m	改正后值 /m		

续表

点号	观测角 /(° ′ ″)	角度改正数 /(″)	改正后角度值 /(° ′ ″)	坐标方位角 /(° ′ ″)	距离 /m	坐标增量 Δx		坐标增量 Δy		纵坐标 X/m	横坐标 Y/m
						计算值 /m	改正后值 /m	计算值 /m	改正后值 /m		
$\sum$											
辅助计算	$f_\beta =$ $f_{\beta允} =$			$f_x =$ $f_D = \sqrt{f_x^2 + f_y^2} =$		$k = \frac{f_D}{\sum D} =$		$f_y =$ $k_{允} =$			

放样记录表(桩位布置示意图及测设步骤)

高程测设记录表(示意图及测设数据)

平曲线逐桩坐标值表

桩号	平面坐标	
	X 坐标	Y 坐标

平曲线放样(简图、详细测设过程)

中平测量记录计算表

立尺点	水准尺读数/m			视线高/m	高程/m	备注
	后视 a	中视 k	前视 b			
复核：						

纵断面图

横断面测量记录表

$\frac{高程}{距离}$(左侧)	$\frac{中桩高程}{桩号}$	$\frac{高程}{距离}$(右侧)

横断面图

实 训 报 告　　　　姓名：________

实 训 报 告　　　　姓名:________

参考文献

[1] 中国有色金属工业协会. GB 50026—2020:工程测量标准[S]. 北京:中国计划出版社,2021.

[2] 周建郑. 工程测量(测绘类)[M]. 2 版. 郑州:黄河水利出版社,2010.

[3] 杨守菊. 工程测量[M]. 北京:高等教育出版社,2021.

[4] 马真安,阿巴克力. 工程测量实训指导[M]. 北京:人民交通出版社,2005.

[5] 刘星,吴斌. 工程测量学[M]. 重庆:重庆大学出版社,2004.

[6] 邓鑫洁,唐开荣. 工程测量实训手册[M]. 成都:西南交通大学出版社,2019.

[7] 姜树辉,巨辉. 建筑工程测量实训[M]. 重庆:重庆大学出版社,2020.

[8] 李天和. 工程测量[M]. 郑州:黄河水利出版社 2006.

[9] 王云江. 市政工程测量[M]. 3 版. 北京:中国建筑工业出版社,2015.

[10] 王光遐,马国庆,张金元. 测量放线工岗位培训教材[M]. 北京:中国建筑工业出版社,2004.

配套微课资源索引